应对气候变化知识干部手册

CLIMATE CHANGE HANDBOOK

江苏省生态环境厅组织编写

·南京·

图书在版编目(CIP)数据

应对气候变化知识干部手册 / 江苏省生态环境厅组织编写. -- 南京 : 河海大学出版社，2024.4
ISBN 978-7-5630-8850-8

Ⅰ. ①应… Ⅱ. ①江… Ⅲ. ①气候变化—干部培训—手册 Ⅳ. ①P467—62

中国国家版本馆 CIP 数据核字(2023)第 257133 号

书　　名　应对气候变化知识干部手册
　　　　　YINGDUI QIHOU BIANHUA ZHISHI GANBU SHOUCE
书　　号　ISBN 978-7-5630-8850-8
责任编辑　彭志诚
文字编辑　杨　曦
特约校对　薛艳萍
装帧设计　

出版发行　河海大学出版社
地　　址　南京市西康路 1 号(邮编:210098)
电　　话　(025)83737852(总编室)　(025)83722833(营销部)
经　　销　江苏省新华发行集团有限公司
排　　版　南京布克文化发展有限公司
印　　刷　江苏河海印务有限公司
开　　本　718 毫米×1000 毫米　1/16
印　　张　10
字　　数　100 千字
版　　次　2024 年 4 月第 1 版
印　　次　2024 年 4 月第 1 次印刷
定　　价　49.00 元

出版说明

Publication instructions

气候变化是全球面临的共同挑战。应对气候变化，关乎人类的前途命运。近年来，全球极端天气气候事件频发，对经济社会发展产生严重影响。联合国政府间气候变化专门委员会(IPCC)的第六次评估报告发出强音：全球减缓气候变化和适应的行动刻不容缓，任何延迟都将关上机会之窗，让未来变得不再宜居。

中国一贯高度重视应对气候变化工作，坚定不移走生态优先、绿色低碳的高质量发展道路，促进人与自然和谐共生，推动构建地球生命共同体。习近平总书记围绕构建人类命运共同体理念，提出的全球发展倡议、全球安全倡议和全球文明倡议，为破解全球发展难题提供了中国智慧和中国方案。党的二十大报告明确提出：立足我国能源资源禀赋，坚持先立后破，有计划分步骤地实施碳达峰行动；协同推进降碳、减污、扩绿、增长，推进生态优先、节约集约、绿色低碳发展；积极参与应对气候变化全球治理。2023 年 7 月，习近平总书记在全国生态环境保护大会上强调，要加快推动发展方式绿色低碳转型，坚持把绿色低碳发展作为解决生态环境问题的治本之策，加快形成绿色生产方式和生活方式，厚植高质量发展的绿色底色；要积极稳妥推进碳达峰碳中和，坚持全国统筹、节约优先、双轮驱动、内外畅通、防范风险的原则，落实好碳达峰碳中和“1+N”政策体系，构建清洁低碳安全高效的能源体系。作为世界上最大的发展中国家，中国克服自身经济、社会等方面困难，开展了一系列应对气候变化行动，落实国家自主贡献目标，应对气候变化取得了显著成效。

江苏始终以习近平生态文明思想为指引，将应对气候变化摆在全省工作突出位置，协同推进降碳、减污、扩绿、增长，推动经济社会发展全面绿色转型，加快建设人与自然和谐共生的现代化，高质量发展的含金量更足、含绿量更多、含碳量更低。一幅富饶秀美、蕴藉隽永的“水韵江苏”画卷正徐徐展开，成为习近平生态文明思想落地生根、开花结果的最美注脚。2023 年 12 月，《联合国气候变化框架公约》第二十八次缔约方大会（COP28）期间，以“绿色低碳发展实践”为主题的江苏专场活动在迪拜世博城中国角顺利举办。活动通过绿色低碳案例展示、专题报告、交流对话等多种形式，向世界展示与分享了江苏各级政府、社会各界在应对气候变化中的积极行动。来自德国巴登-符腾堡州、美国加利福尼亚州、西班牙巴斯克自治区、韩国忠清南道、澳大利亚墨尔本市等地的政府和部门代表分享交流了其在相关领域的实践经验。

为更好普及应对气候变化知识，增强干部绿色低碳发展意识，我们组织编写了《应对气候变化知识干部手册》，供读者学习参考。

2023 年 12 月

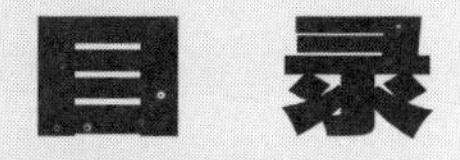

Catalogue

第一讲

气候变化基本概念和科学研究

气候变化是指气候平均值和气候离差值出现了统计意义上的显著变化，如平均气温、平均降水量、最高气温、最低气温，以及极端天气事件等的变化。《联合国气候变化框架公约》(United Nations Framework Convention on Climate Change，英文缩写 UNFCCC，以下简称《公约》)将气候变化定义为："经过相当一段时间的观察，在自然气候变化之外由人类活动直接或间接地改变全球大气组成所导致的气候改变。"

目前来看，气候变化不仅体现为温度上升，更体现在极端气候事件频发、气候稳定性下降等方面。气候作为人类赖以生存的自然环境的重要组成部分，它的任何变化都会对自然生态系统、社会经济系统产生重大影响。气候变化现象代表了气候变化影响因子的共同和多重变化，是全人类共同面临的巨大挑战。

一、气候变化的基本特征

（一）气象要素变化

气象要素（Meteorological element）是指表征大气物理状态、物理现象的各项要素，主要包括气温、降水、相对湿度、风速、日照等要素。自工业革命以来，由于温室气体排放大量增加，气象要素产生了显著变化，也引起了极端天气气候事件发生频次的显著变化。

1. 平均气温

联合国政府间气候变化专门委员会（Intergovernmental Panel on Climate Change，英文缩写 IPCC）第六次评估报告《综合报告》（2023 年 3 月）显示，近百年来全球地表平均温度呈急剧上升趋势，当前（2011—2020 年）的水平比工业化前（1850—1900 年）水平高出 1.1℃，且近 50 年的全球变暖速率几乎是近百年的两倍。世界气象组织（World Meteorological Organization，英文缩写 WMO）目前整合的 6 个主要国际温度数据集显示，2022 年全球平均气温较工业化前水平高出约 1.15℃，是全球年度气温较工业化前水平至少高出 1℃的连续第八个年份。

我国升温速率高于同期全球平均水平，是全球气候变化的敏感区。《中国气候公报（2022）》显示，2022 年我国平均气温为

10.51℃，较常年偏高0.62℃，为1951年以来历史次高，仅比2021年低0.02℃。从空间分布看，全国大部地区气温接近常年到偏高，其中华东中部、华中中部及四川东部、重庆西南部、甘肃中部、宁夏中南部、新疆东部和西南部、西藏西北部等地偏高1～2℃。

根据《2022年江苏省气候变化监测公报》，江苏多年平均气温（1961—2022年）为15.2℃，1961—2022年，江苏年平均气温呈显著上升趋势，平均每10年增加0.3℃，年平均气温空间分布呈现南高北低特点，南京、镇江、常州、无锡、苏州等地区多年平均气温均在15.5℃以上，连云港北部地区较低，在14.0℃以下。

2. 平均降水

气候变化正在加剧水循环，预估显示季风降水将发生变化并因地而异。在高纬度地区，这会带来更强的降雨和洪水，降水可能会增加，而在亚热带的大部分地区则预估可能会减少，意味着更严重的干旱。

我国平均年降水量呈增加趋势，降水变化区域间差异明显。《中国气候变化蓝皮书（2022）》显示，1961—2021年，我国平均年降水量呈增加趋势，平均每10年增加5.5毫米；2012年以来年降水量持续偏多。《中国气候公报（2022）》显示，2022年我国平均降水量606.1毫米，较常年偏少5.0%，为2012年以来最少。北方降水“东多西少”，南方大部偏少。冬春季降水偏多，夏秋季偏少。

《2022年江苏省气候变化监测公报》显示，江苏年降水量多年平均值为1 031.4毫米。南部年降水量较多，沿江和苏南地区多在1 100.0毫米以上；北部较少，徐州和连云港西部在800.0毫米以下。1961—2022年，江苏年降水量呈增加趋势，平均每10年增加22.2毫米；年降水量年际变化明显，最大值（2016年，1 519.0毫米）是最小值（1978年，564.9毫米）的2.7倍。

3. 相对湿度

《2022年江苏省气候变化监测公报》显示，江苏年平均相对湿度的多年平均值为76.0%。南部地区的年平均相对湿度比北部地区大，沿海比内陆大；南通、盐城南部、苏州东部、无锡和常州南部的相对湿度较大，徐州、连云港西部的相对湿度较小。1961—2022年，各地区相对湿度呈显著下降趋势，平均每10年下降0.9%。

4. 平均风速

《2022年江苏省气候变化监测公报》显示，江苏年平均风速多年平均值为2.8米/秒，沿海地区大，内陆地区小。连云港西连岛站位于海岛上，多年平均风速较大；而丰县、沛县、沭阳、睢宁等地的年平均风速较小。1961—2022年，江苏年平均风速呈显著下降趋势，平均每10年下降0.3米/秒。

5. 平均日照

《中国气候变化蓝皮书(2022)》显示,1961—2021年,我国平均年暖昼日数呈增多趋势,平均每10年增加6.0天,尤其自20世纪90年代中期以来更为明显。2021年,我国平均暖昼日数为81.3天,较常年值偏多37.6天,为1961年以来最多。

《2022年江苏省气候变化监测公报》显示,江苏年平均日照时数多年平均值为2 094.0小时,呈北高南低分布。徐州东部、连云港大部分地区日照时数较多,在2 300小时以上;苏州、无锡、常州、镇江、南京等部分地区不足2 000小时。1961—2022年,江苏日照时数呈显著下降趋势,平均每10年减少59.0小时。

6. 天气现象

天气现象是指在一定的天气条件下,在大气中、地面上出现许多可以观测到的物理现象,包括大风、雪、雾、冰雹等。全球气候变化现象显著,天气现象发生频次也产生了相应变化。

《2022年江苏省气候变化监测公报》显示,江苏年大风日数多年平均值为8.1天,大风日数呈现由内陆向沿海逐渐增多的分布。连云港、盐城、南通地区大风日数较多,多在9.0天以上;连云港西连岛站位于海岛,大风日数最多。内陆的常州、南京、宿迁等地大风日数较少。1961—2022年,江苏年大风日数呈迅速下降趋势,平均每 10 年减少 3.1 天。

《2022 年江苏省气候变化监测公报》显示，江苏年雪日数多年平均值为 9.6 天，雪日由东南向西北逐渐增多。徐州、宿迁、连云港等地区雪日较多，大部分地区年雪日数在 10.5 天以上。东南部的无锡、苏州、南通等地区雪日较少，基本在 9.0 天以下。1961—2022 年，江苏年雪日数呈下降趋势，平均每 10 年减少 1.0 天。

《2022 年江苏省气候变化监测公报》显示，江苏年雾日数多年平均值为 33.5 天，盐城、南通北部的东部沿海地区年雾日数较多，南部地区以及北部的徐州、连云港地区年雾日数较少。1961—2022 年，江苏雾日总体上呈波动性变化。20 世纪 60 年代至 70 年代中期较少；70 年代中期至 90 年代中期较多；90 年代中期至 21 世纪 10 年代较少；21 世纪 10 年代后雾日较多。

（二）极端天气气候事件

极端天气气候事件是指一定地区在一定时间内出现的历史上罕见的气象事件，其发生概率通常小于 5%或 10%。极端天气气候事件总体可以分为极端高温、极端低温、极端干旱、极端降水等几类，一般特点是发生概率小、社会影响大。

联合国政府间气候变化专门委员会（IPCC）第六次评估报告显示，自 20 世纪 50 年代以来，全球绝大部分地区极端高温事件的频率在增加，强度在增强；极端低温事件的频率减少，强度在减弱，受区域陆气互馈过程影响，如土壤湿度以及冰雪覆被与气温的互馈，内陆半干旱和干旱地区以及冰雪覆盖的高纬度和高海拔地区是极端温度变化最剧烈的区域。城市热岛效应使城市遭受更多更强的高温热浪威胁，全球海洋热浪的数量增加了近一倍。1950 年以来，极端降水在大部分有观测资料的区域呈增加趋势。同时，复合极端事件在全球多个地区变得更加频繁，包括酷热干旱复合事件、诱发森林火灾的综合天气条件，以及河口及海岸带常见的复合洪水事件等。

我国高温、强降水等极端天气气候事件趋多、趋强。《中国气候变化蓝皮书(2022)》显示，1961—2021 年，我国极端高温事件发生频次年代际变化特征明显，20 世纪 90 年代后期以来明显偏多。登陆我国台风的平均强度波动增强。《中国气候公报(2022)》显示，2022 年我国气候状况总体偏差，暖干气候特征明显，旱涝灾害突出。区域性和阶段性干旱明显，南方夏秋连旱影响重；暴雨过程频繁，华南、东北雨涝灾害重，珠江流域和松辽流域出现汛情；登陆台风异常偏少，首个登陆台风“暹芭”强度强，台风“梅花”四次登陆，强度大、影响范围广；夏季我国中东部出现 1961 年以来最强高温过程，南方“秋老虎”天气明显；寒潮过程明显偏多，2 月南方出现持续低温阴雨雪和寡照天气，11 月末至 12 月初强寒潮导致多地剧烈降温；强对流天气过程偏少，但局地致灾重；北方沙尘天气少，出现晚。与近五年平均值相比，气象灾害造成的农作物受灾面积、死亡失踪人口和直接经济损失均偏少。

表 1-1 为 1961—2022 年江苏极端气候事件变化趋势。

表 1-1　1961—2022 年江苏极端气候事件变化趋势

	变化趋势
低温	低温日数平均每 10 年减少 5.3 天；极端低温平均每 10 年增加 0.8℃
高温	高温日数平均每 10 年增加 1.6 天；极端高温平均每 10 年升高 0.2℃
强降水	大雨日数平均每 10 年增加 0.3 天；暴雨日数平均每 10 年增加 0.2 天；大暴雨日数平均每 10 年增加 0.1 天

注：数据来源于《2022 年江苏省气候变化监测公报》。

二、气候变化带来的不利影响

联合国政府间气候变化专门委员会（IPCC）第六次评估报告第二工作组报告（2022 年）指出，当前气候变化、生态系统以及人类社会的相互作用以负面影响为主，人类正面临显著的气候变化风险。未来气候变化将给自然和人类系统带来数倍于当前的严重影响，并加剧区域间的不平衡。气候和非气候风险之间的相互作用将增加，产生更加复杂且难以管理的复合和级联风险，当前可行、有效的适应措施将受到限制，效果也会降低，更多的人类和自然系统将达到适应极限。为了地球生态系统的健康和人类福祉，人类需要迅速采取有效的行动，确保可持续发展。

（一）对陆地、淡水、沿海和公海海洋生态系统的负面影响

气候变化对陆地、淡水、沿海和公海海洋生态系统造成了重大破坏，并造成了不可逆转的损失。相较于以往的评估，气候变化影响的范围更大、程度更深。由于气候变化，生态系统的结构和功能、恢复力和自然适应能力出现了广泛恶化，并产生了不利的社会经济后果。在全球范围内评估的物种中，约有一半已经向极地转移，或者在陆地上向更高海拔地区转移。极端高温强度的增强、陆地和海洋中的大规模死亡事件以及海藻森林的消失导致了数百个地方物种的消失。

气候变化带来的部分负面影响已经是不可逆转的，例如由气候变化导致的首次物种灭绝。其他影响正在接近不可逆性，如冰川退缩造成的水文变化的影响，或永久冻土解冻导致的一些山区和北极生态系统的变化。

（二）对粮食安全和水安全的负面影响

气候变化影响了粮食安全和水安全，阻碍了可持续发展目标的实现。在过去 50 年里，全球农业生产力总体虽有所提高，但气候变化减缓了这一增长，相关的负面影响主要集中在中低纬度地区。海洋变暖和海洋酸化对一些海洋区域贝类水产养殖和渔业的生产产生了不利影响。越来越多的天气和气候极端事件使数百万

人面临严重的粮食安全和水安全危机，非洲、亚洲、中南美洲、小岛屿国家和北极的许多地区受到的影响最大。粮食生产和获取的减少，再加上饮食多样性的减少，共同加剧了许多地区的营养不良状况，特别是土著、小规模粮食生产者和低收入家庭，儿童、老年人和孕妇受到的影响尤其严重。由于气候和非气候驱动因素，目前全球约有一半人口至少在一年中某些时期经历严重缺水。

（三）对人类的身体和心理健康的负面影响

气候变化对大部分人类的身心健康产生了不利影响。在所有区域，极端高温事件都导致了人类发病率和死亡率上升。与气候有关的食源性和水源性疾病的发病率有所增加。病媒传播疾病的发病率因病媒传播范围及繁殖的增加而增加。包括人畜共患病在内的动物和人类疾病正在新的领域出现。由于对气候敏感的水生病原体增加，因此水和食物传播疾病的风险有所增加。虽然全球腹泻病有所减少，但气温升高、雨水增多和洪水泛滥增加了腹泻病的发病率。在一些区域中，心理创伤与气温升高、天气和气候极端事件造成的损失有关。民众接触野火烟雾、大气粉尘和空气中过敏原的概率增加，导致多发气候敏感性心血管疾病和呼吸窘迫，而卫生服务有时也会因极端气候事件的发生而中断。

(四) 对城市中基础设施的负面影响

在城市中,气候变化会对关键基础设施造成负面影响。包括热浪在内的极端高温事件频率增加,加剧了空气污染,并限制了基础设施的运行。对底层民众而言,这些负面影响尤为显著。包括交通、水、卫生和能源系统在内的基础设施因极端和缓慢发生的气候事件而受损,造成服务中断,进而对民生和经济产生了负面影响。

(五) 对经济发展及个人生活的负面影响

总体来说,气候变化不利于经济发展。农业、林业、渔业、能源行业和旅游业等正经受气候变化带来的巨大压力与威胁,气候变化导致户外劳动生产率降低,从而造成经济损失。而一些极端天气事件,如热带气旋,可能在短期内冲击经济增长。另外,一些地区的民众居住模式、基础设施选址等因素使得极端气候对其资产的影响更大,从而增加了经济损失的程度。农业生产力、人类健康和粮食安全、房屋和基础设施以及财产和收入都会受气候变化影响,导致个人生活受到负面影响,并对社会公平产生不利影响。

(六) 对人类和平及民生福祉的负面影响

气候变化正在导致人道主义危机。极端气候和天气逐渐导致全球部分民众流离失所，小岛屿国家受到的影响尤为严重。在非洲和中南美洲，与洪水和干旱有关的粮食不安全和营养不良情况有所增加。虽然非气候因素是一些国家内部暴力冲突的主要驱动因素，但在一些区域，极端天气和气候事件对冲突的持续时间、严重程度或频率均产生了较小的不利影响。

三、气候变化的影响因子

气候变化的影响因子主要包括太阳辐射、地表温度、积温等。太阳辐射是大气运动的根本能源，它从赤道向两极递减，从而决定了热量带和气温的高低分布；地面是大气的直接热源和水源，地表温度是指地表面和以下不同深度处土壤温度的统称；积温是指一段时期内逐日平均温度的总和，这是一地环境中的气候热量资源，尤其对生长于当地的植物（或农作物）影响极大。以下气候变化的影响因子变化情况以江苏为例，数据出自《2022年江苏省气候变化监测公报》。

（一）太阳辐射变化

1961—2022年，江苏太阳总辐射量多年平均值为4 759.9兆焦耳/平方米，太阳辐射由北向南递减，连云港中部和北部、徐州西北部和东部均较高，在4 950兆焦耳/平方米以上；徐州中部、宿迁、淮安、盐城的大部分地区以及扬州和泰州的北部在 4 800～4 950 兆焦耳/平方米之间；苏南大部分地区较低，在 4 650 兆焦耳/平方米以下。

（二）地表温度变化

江苏年平均地表温度的常年值为 17.2℃，南部高，北部低。苏南地区年平均地表温度较高，达到 18.0℃以上，而徐州西北部、连云港东南部和北部部分地方较低，在 16.0℃以下。1961—2022 年，地表温度呈明显上升趋势，平均每 10 年增加 0.3℃。

（三）积温变化

江苏平均≥10℃的年活动积温的多年平均值为 4 889.3℃ · d。从多年平均的分布来看，苏南地区积温较多，大部分地区达到 5 000℃ · d 以上；江淮之间和淮北地区较少，大部分地区在 4 800℃ · d 以下。1961—2022 年，≥10℃年活动积温呈增加趋势，平均每 10 年增加 99.9℃ · d。

四、温室效应和温室气体

（一）温室效应

温室效应是指透射阳光的密闭空间由于与外界缺乏热交换而

形成的保温效应，即太阳短波辐射可以透过大气射入地面，地面增暖后放出的长波辐射却被大气中的二氧化碳、水汽等物质所吸收，从而产生大气变暖的效应。大气中的二氧化碳就像一层厚厚的玻璃，使地球变成了一个大暖房。如果没有大气，地表平均温度就会下降到－23℃，而实际地表平均温度为 15℃，温室效应使地表温度提高 38℃。大气中的二氧化碳浓度增加，阻止地球热量的散失，使地球发生可感觉到的气温升高，即“温室效应”。

（二）温室气体

1. 温室气体的种类

产生温室效应的物质统称为温室气体（Greenhouse Gas，英文缩写 GHG）。温室气体是指大气中那些吸收和重新放出红外辐射的自然的和人为的气态成分，包括水汽、二氧化碳、甲烷、氧化亚氮等。

《京都议定书》中规定控制的六种温室气体为：二氧化碳（CO_2）、甲烷（CH_4）、氧化亚氮（N_2O）、氢氟碳化物（HFCs）、全氟化碳（PFCs）、六氟化硫（SF_6）。《〈京都议定书〉多哈修正案》将三氟化氮（NF_3）纳入管控范围，使受管控的温室气体达到七种。

我国《碳排放权交易管理办法（试行）》将温室气体界定为：大气中吸收和重新放出红外辐射的自然和人为的气态成分，包括二氧化碳（CO_2）、甲烷（CH_4）、氧化亚氮（N_2O）、氢氟碳化物（HFCs）、全氟化碳（PFCs）、六氟化硫（SF_6）和三氟化氮（NF_3）。

2. 温室气体的源与汇

在《联合国气候变化框架公约》中，温室气体的源是指向大气排放温室气体、气溶胶或温室气体前体的任何过程或活动；温室气体的汇是指从大气中清除温室气体、气溶胶或温室气体前体的任何过程、活动或机制。

温室气体的源是指温室气体成分从地球表面进入大气（如地面燃烧过程向大气中排放 CO_2），或者在大气中由其他物质经化学过程转化为某种气体成分（如大气中的一氧化碳 CO 被氧化成 CO_2，对于 CO_2 来说也叫源）。大气温室气体的源有自然源和人为源之分。人为活动引起的人为源增加，被认为是目前大气温室气体浓度逐渐上升的主要因素。

温室气体的汇则是指一种温室气体移出大气到达地面或逃逸到外部空间（如大气中的 CO_2 被地表植物光合作用吸收），或者是在大气中经化学过程不可逆转地转化为其他物质成分（如 N_2O 在大气中发生光化学反应而转化为 NO_x，对 N_2O 就构成了汇）。

3. 全球变暖潜势值

全球变暖潜势（Global Warming Potential，英文缩写 GWP）是

指某一给定物质在一定时间积分范围内与二氧化碳相比而得到的相对辐射影响值，用于评价各种温室气体对气候变化影响的相对能力。限于人类对各种温室气体辐射强迫的了解和模拟工具，至今在不同时间尺度下模拟得到的各种温室气体的全球变暖潜势值仍有一定的不确定性。IPCC 第二次评估报告和第四次评估报告给出的 100 年时间尺度主要温室气体的全球变暖潜势值如表 1-2 所示。

表 1-2　IPCC 评估报告给出的温室气体 GWP 值

气体种类	IPCC 第二次评估报告 GWP 值	IPCC 第四次评估报告 GWP 值
CO_2（二氧化碳）	1	1
CH_4（甲烷）	21	25
N_2O（氧化亚氮）	310	298
HFC_S（氢氟碳化物）	140 ～11 700	124～14 800
PFC_S（全氟化碳）	6 500～9 200	7 390～12 200
SF_6（六氟化硫）	23 900	22 800

注：如甲烷的 GWP 值为 25，意味着 1 吨甲烷在 100 年内对全球变暖的影响是 1 吨二氧化碳所带来影响的 25 倍。

第二讲

应对气候变化国际谈判与国际合作

气候变化是全球性的问题，需要各个国家制定各自的减排目标和细则共同应对。由于利益诉求的不同导致各国于国际气候谈判中在全球减排义务的分担上存在诸多矛盾和分歧。自20世纪90年代以来，为了应对气候变化，世界各国已经进行了长达30年的谈判，并先后达成《联合国气候变化框架公约》、《京都议定书》及《巴黎协定》。

一、联合国应对气候变化相关部门

（一）联合国环境规划署

联合国环境规划署（United Nations Environment Programme，英文缩写 UNEP），是联合国系统内负责全球环境事务的牵头部门和权威机构。1973 年 1 月，联合国环境规划署正式成立。联合国环境规划署致力于激发、提倡、教育和促进全球资源的合理利用并推动全球环境的可持续发展，协调签署了各种有关环境保护的国际公约、宣言、议定书。

（二）联合国政府间气候变化专门委员会

世界气象组织（WMO）与联合国环境规划署（UNEP）于 1988 年联合成立联合国政府间气候变化专门委员会（IPCC）。IPCC 目前有 195 个会员国。IPCC 组织全球数百名科学家回顾每年出版的数以千计的有关气候变化的论文，本着全面、客观、公开和透明的原则，对全球气候变化的科学、技术和社会经济影响进行评估。IPCC 的评估报告是应对气候变化国际谈判的关键素材。IPCC 下设三个工作组和一个专题组：第一工作组负责评估气候系统和气候变化的基础科学问题；第二工作组负责评估社会经济体系和自然系统对气候变化的脆弱性、气候变化正负两方面的后果和适应气候变化的选择方案;第三工作组负责评估减缓气候变化的选择方案;专题组负责《国家温室气体清单》联审。

(三)联合国清洁发展机制执行理事会

联合国清洁发展机制执行理事会(Clean Development Mechanism Executive Board,英文缩写 CDM EB)是 CDM 项目主要管理机构,主要负责定义基准线方法和监测计划,推荐、委派经营实体,定义小规模 CDM 项目的简化规则和签发经核证的减排量(Certified Emission Reduction,英文缩写 CER)等。

根据《京都议定书》第 12 条,执行理事会(EB)负责监管 CDM 的实施,并对成员国大会负责。执行理事会由 10 名专家组成,其中 5 名专家分别代表 5 个联合国官方区域(非洲、亚洲、拉丁美洲和加勒比海地区、中东欧、OECD 国家),1 名专家来自小岛国组织,2 名专家来自议定书附件 Ⅰ 国家,2 名专家来自非附件 Ⅰ 国家,决议的通过要有四分之三的成员同意。执行理事会(EB)在 2001 年 11 月马拉喀什政治谈判期间召开了首次会议,标志着 CDM 的正式启动。

二、《联合国气候变化框架公约》

1992 年 5 月,联合国大会在纽约联合国总部通过了《联合国气候变化框架公约》(UNFCCC,以下简称《公约》),同年 6 月在巴西里约热内卢举行的首届联合国环境与发展大会期间开放签署，《公约》于 1994 年 3 月 21 日正式生效。《公约》是世界上第一部为全面控制二氧化碳等温室气体排放，以应对全球气候变暖给人类经济和社会带来不利影响的国际公约，也是国际社会在应对全球气候变化问题上进行国际合作的一个基本框架。截至 2023 年 10 月，全球共有 198 个缔约方加入《公约》。我国于 1992 年 11 月经全国人大批准《公约》，于 1993 年 1 月将批准书交存联合国秘书长处。

《公约》具有法律约束力，由序言及 26 条正文组成，对气候变化相关概念的定义作了说明，《公约》核心内容是：

（一）确立应对气候变化的最终目标。《公约》第 2 条规定："本公约以及缔约方会议可能通过的任何法律文书的最终目标是：将大气中温室气体的浓度稳定在防止气候系统受到危险的人为干扰的水平上，这一水平应当在足以使生态系统能够自然地适应气候变化、确保粮食生产免受威胁并使经济发展能够可持续地进行的时间范围内实现。"

（二）确立国际合作应对气候变化的基本原则，主要包括"共同但有区别的责任"原则、公平原则、各自能力原则和可持续发展原则等。

（三）明确发达国家应承担率先减排和向发展中国家提供资金技术支持的义务。《公约》附件一国家缔约方（发达国家和经济转型国家）应率先减排。附件二国家（发达国家）应向发展中国家提供资金和技术，帮助发展中国家应对气候变化。

（四）承认发展中国家有消除贫困、发展经济的优先需要。《公约》承认发展中国家的人均排放仍相对较低，因此在全球排放中所占的份额将增加，经济和社会发展以及消除贫困是发展中国家首要和压倒一切的优先任务。

专栏 2-1：共同但有区别的责任

《公约》确定了“共同但有区别的责任”是应对全球气候变化的重要原则，这一原则始终是贯穿《公约》和缔约方大会及其附属法律文件制定与实施的主线，更是国际社会合作应对气候变化的基石。

众所周知，目前全球面临的气候变化问题，主要是由发达国家在工业化过程中无约束的排放造成的，发达国家对此负有历史责任；而发展中国家面临发展经济、改善民生、保护环境等多重任务，应对气候变化能力和基础有限。

“共同但有区别的责任”意味着在确定各缔约方的责任时应当充分考虑到发展中国家缔约方尤其是特别易受气候变化不利影响的那些发展中国家缔约方的具体需要和特殊情况，也应当充分考虑到那些按本公约必须承担不成比例或不正常负担的缔约方特别是发展中国家缔约方的具体需要和特殊情况。

因此，发达国家缔约方应当率先应对气候变化及其不利影响，并给发展中国家提供资金和技术支持；而发展中国家只承担提供温室气体源与温室气体汇的国家清单的义务，制定并执行含有关于温室气体源与汇方面措施的方案，不承担有法律约束力的限控义务。

三、《京都议定书》及其修正案

由于《联合国气候变化框架公约》只是约定了全球合作行动的总体目标和原则，并未设全球和各国不同阶段的具体行动目标，1997 年 12 月，《联合国气候变化框架公约》第三次缔约方大会在日本京都举行，就阶段性的全球减排目标以及各国承担的任务和国际合作模式展开谈判。会议通过了旨在限制发达国家温室气体排放量以抑制全球变暖的《联合国气候变化框架公约的京都议定书》，简称《京都议定书》(Kyoto Protocol)。其目标是“将大气中的温室气体含量稳定在一个适当的水平，进而防止剧烈的气候改变对人类造成伤害”。《京都议定书》于 2005 年 2 月 16 日正式生效，这是首次以国际性法规的形式限制温室气体排放，截至 2023 年 10 月共有 192 个缔约方。

在“共同但有区别的责任”原则下，《京都议定书》规定，到 2010 年，所有发达国家二氧化碳等 6 种温室气体的排放量要比 1990 年减少 5.2%。具体来说，各发达国家 2008—2012 年必须完成的削减目标是：与1990年相比，欧盟削减8%、美国削减7%、日本削减6%、加拿大削减6%、东欧各国削减5%～8%，新西兰、俄罗斯和乌克兰可将排放量稳定在1990年水平上。

2012年《联合国气候变化框架公约》第十八次缔约方大会在卡塔尔多哈举行，会议通过包含部分发达国家第二承诺期量化减限排指标的《〈京都议定书〉多哈修正案》。第二承诺期为期8年，于2013年1月1日起实施，至2020年12月31日结束。欧盟27个成员国、澳大利亚、挪威、瑞士、乌克兰等37个发达国家缔约方和一个国家集团(欧盟)参加了第二承诺期，整体在2013年至2020年承诺期内将温室气体的全部排放量从1990年水平至少减少18%。

专栏2-2:《京都议定书》建立的减排机制

为促进相关国家实现各自的减排承诺，《京都议定书》建立了三种灵活合作机制：

(1) 国际排放贸易机制(International Emissions Trading，英文缩写IET)；

(2) 联合履约机制(Joint Implementation，英文缩写JI)；

(3) 清洁发展机制(Clean Development Mechanism，英文缩写CDM)。

此外，《京都议定书》允许采取以下四种减排方式：

(1) 两个发达国家之间可以进行排放额度买卖的"排放权交易"，即难以完成削减任务的国家，可以花钱从超额完成任务的国家买进超出的额度；

(2) 以“净排放量”计算温室气体排放量，即从本国实际排放量中扣除森林所吸收的二氧化碳的数量；

(3) 可以采用绿色开发机制，促使发达国家和发展中国家共同减排温室气体；

(4) 可以采用“集团方式”，即欧盟内部的许多国家可视为一个整体，采取有的国家削减、有的国家增加的方法，在总体上完成减排任务。

四、《巴黎协定》

197 个国家于 2015 年 12 月 12 日在巴黎召开的《联合国气候变化框架公约》第二十一次缔约方大会上通过了《巴黎协定》。《巴黎协定》是已经到期的《京都议定书》的后续，《巴黎协定》(2016 年 11 月 4 日正式生效)旨在大幅减少全球温室气体排放，将 21 世纪全球气温升幅限制在 2℃以内，同时寻求将气温升幅进一步限制在 1.5℃以内的措施。《巴黎协定》是继 1992 年《联合国气候变化框架公约》、1997 年《京都议定书》之后，人类历史上应对气候变化的第三个里程碑式的国际法律文本，形成 2020 年后的全球气候治理格局。2016 年 4 月 22 日，时任国务院副总理张高丽作为习近平主席特使在纽约联合国总部出席《巴黎协定》高级别签署仪式，并代表我国签署《巴黎协定》。2019 年 11 月 4 日，美国开启退出《巴黎协定》正式流程，于 2020 年 11 月正式退出，2021 年 2 月重新加入。目前，共有 194 个缔约方（193 个国家＋欧盟）加入了《巴黎协定》。

《巴黎协定》共 29 条，包括目标、减缓、资金、技术、能力建设、透明度、全球盘点等内容。《巴黎协定》的核心内容是：

（一）长期目标。重申 2℃的全球温升控制目标，同时提出要努力实现 1.5℃的目标，并且提出在 21 世纪下半叶实现温室气体人为排放与清除之间的平衡。

（二）国家自主贡献（The Intended Nationally Determined Contributions，英文缩写 INDCs）。各国应制定、通报并保持其“国家自主贡献”，通报频率是每 5 年一次。新的贡献应比上一次贡献有所加强，并反映该国可实现的最大力度，同时反映该国共同但有区别的责任和能力。

（三）减缓。要求发达国家继续提出全经济范围绝对量减排目标，鼓励发展中国家根据自身国情逐步向全经济范围绝对量减排或限排目标迈进。

（四）资金。明确发达国家要继续向发展中国家提供资金支持，鼓励其他国家在自愿基础上出资。

（五）透明度。建立“强化”的透明度框架，重申遵循非侵入性、非惩罚性的原则，并为发展中国家提供灵活性。透明度的具体模式、程序和指南将由后续谈判制定。

（六）全球盘点。每 5 年进行定期盘点，推动各方不断提高行动力度，并于 2023 年进行首次全球盘点。

五、《联合国气候变化框架公约》缔约方大会

《联合国气候变化框架公约》缔约方大会（UNFCCC Conference of the Parties，英文缩写 COP）是《公约》的最高决策机构。《公约》所有缔约方都派代表参加缔约方大会，审查《公约》以及缔约方大会通过的任何其他法律文书的执行情况，并作出必要决定，包括体制和行政安排，促进《公约》的有效执行。《公约》缔约方大会的一项关键任务是审查缔约方提交的国家信息通报和排放清单，根据这一信息，会议评估各缔约方采取措施的效果以及在实现《公约》最终目标方面取得的进展。

《公约》缔约方大会原则上每年召开一次，首次会议于 1995 年 3 月在德国柏林举行，截至 2023 年已经连续举办了 28 次缔约方大会。第二十八次缔约方大会(COP28)于 2023 年 11 月 30 日至 12 月 13 日在阿联酋迪拜举行。会议就制定“转型脱离化石燃料”的路线图达成一致，这在缔约方大会的历史上尚属首次。本届会议的谈判代表还承诺到 2030 年将可再生能源产能增加两倍，将能源效率的年增长率提高一倍，并在气候适应和融资方面取得了进展。《联合国气候变化框架公约》缔约方大会重要工作成果如图 2-1 所示。

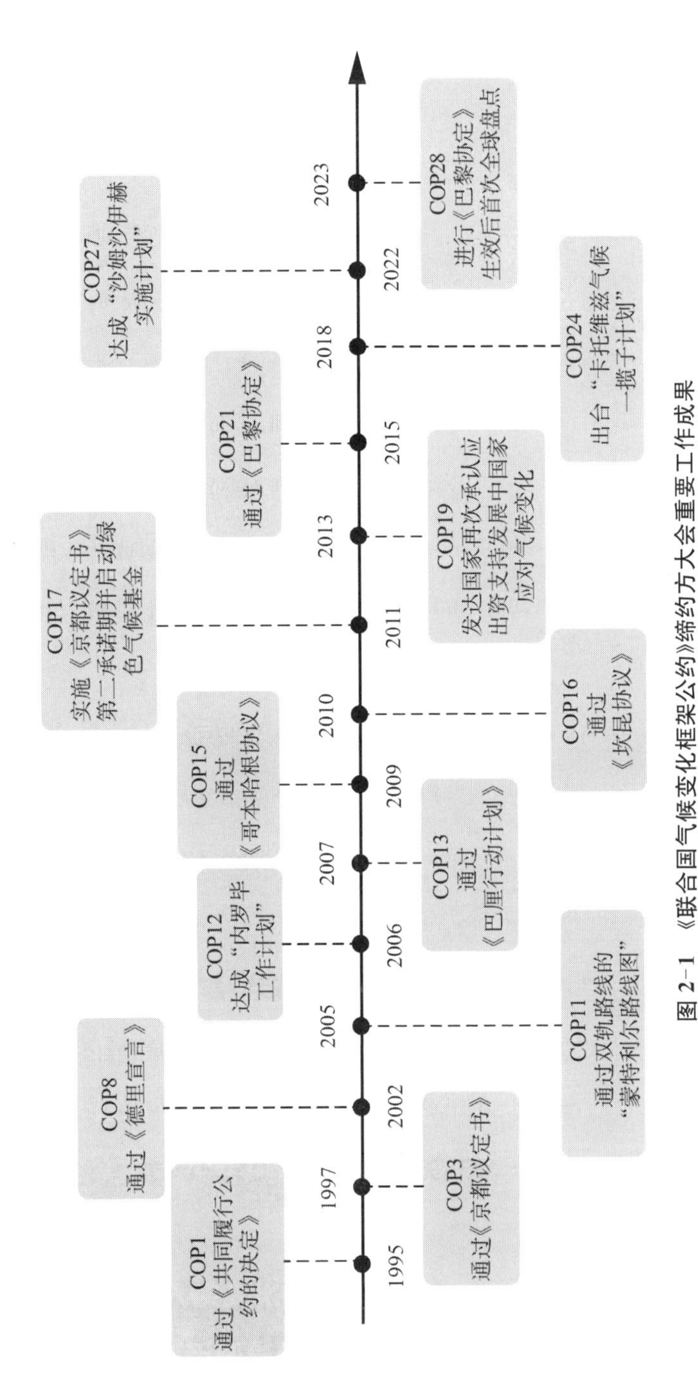

图 2-1 《联合国气候变化框架公约》缔约方大会重要工作成果

在第二十八次缔约方大会(COP28)召开前夕,生态环境部于2023年10月27日发布《中国应对气候变化的政策与行动2023年度报告》,阐明了参会的基本立场和主张。中方全力支持第二十八次缔约方大会(COP28),确保延续并深化“共同落实”的主题,以全球盘点为契机,发出聚焦行动、加强合作的积极信号。一是坚持《公约》及其《巴黎协定》目标、原则及制度安排。二是聚焦落实全球盘点,为制定进一步合作应对气候变化的目标和政策提供信息。三是回应发展中国家长期关切,共同推动COP28就全球适应目标框架达成有力决定,完成损失和损害资金机制及相关融资安排建设。四是推进公正绿色转型,避免设立“一刀切”的目标。五是团结合作应对气候变化,促进各方增强政治互信,营造全球合作积极氛围。

专栏2-3:COP28的其他亮点

(1) 大会首日,各国就旨在支持易受气候影响的发展中国家的损失和损害基金达成协议。大会期间,各国已为该基金认捐数亿美元;

(2) 承诺为绿色气候基金增资35亿美元;

(3) 为最不发达国家基金和气候变化特别基金新增认捐超过1.5亿美元;

(4) 世界银行宣布2024年和2025年每年增加90亿美元,为气候相关项目提供资金;

（5）123 个国家共同签署了《气候与健康宣言》，以加快行动，保护人们的健康免受气候日益变化的影响；

（6）130 多个国家签署了《关于韧性粮食体系、可持续农业及气候行动的阿联酋宣言》，在应对气候变化的同时支持粮食安全；

（7）66 个国家批准了《全球降温承诺》，将冷却相关排放较当前水平减少 68%。

六、中美应对气候变化合作

中美于 2013 年宣布建立中美气候变化工作组，由两国气候变化特使解振华和斯特恩领衔，于 2014 年达成《中美气候变化联合声明》，为《巴黎协定》的达成铺平了道路。《中美气候变化联合声明》(2014 年 11 月)重申中美加强气候变化双边合作的重要性，中美两国元首宣布了两国 2020 年后应对气候变化行动目标。美国计划于 2025 年实现在 2005 年基础上减排 26%～28%的全经济范围减排目标并将努力减排 28%。中国计划 2030 年左右二氧化碳排放达到峰值且将努力早日达峰，并计划到 2030 年非化石能源占一次能源消费比重提高到 20%左右。双方宣布继续加强政策对话，以及在先进煤炭技术、核能、页岩气和可再生能源方面的合作，计划通过已有途径特别是中美气候变化工作组、中美清洁能源联合研究中心和中美战略与经济对话加强和扩大两国的进一步合作。

2015 年 9 月，国家主席习近平在华盛顿同美国总统奥巴马举行会谈，双方发表《中美元首气候变化联合声明》，重申坚定推进落实国内气候政策、加强双边协调与合作并推动可持续发展和向绿色、低碳、气候适应型经济转型的决心，重申发达国家承诺到 2020 年每年联合动员 1 000 亿美元的目标，用以解决发展中国家的需要，并敦促发达国家在 2020 年后继续向发展中国家提供支持。双方重申将加强双边和多边气候合作。美国重申将向绿色气候基金捐资 30 亿美元的许诺，中国宣布拿出 200 亿元人民币建立“中国气候变化南南合作基金”，支持其他发展中国家应对气候变化。

2016 年 3 月，中美两国元首再次发表《中美元首气候变化联合声明》，宣布两国将于 4 月 22 日签署《巴黎协定》，继续深化和拓展双边合作。

2021 年 4 月，中美气候变化磋商在上海举行，中美双方在会后发表了《中美应对气候危机联合声明》，强调中美两国都计划在《联合国气候变化框架公约》第二十六次缔约方大会（COP26）之前，制定各自旨在实现碳中和、温室气体净零排放的长期战略，双方将合作推动 COP26 成功举行。

2021 年 11 月，中美在格拉斯哥联合国气候变化大会期间发布

《中美关于在 21 世纪 20 年代强化气候行动的格拉斯哥联合宣言》，双方承诺继续共同努力，并与各方一道，加强《巴黎协定》的实施。在共同但有区别的责任和各自能力原则、考虑各国国情的基础上，采取强化的气候行动，有效应对气候危机。双方同意建立“21 世纪 20 年代强化气候行动工作组”，推动两国气候变化合作和多边进程。

2023 年 7 月 16 日至 19 日，美国总统气候问题特使约翰·克里访华，中美双方围绕落实《中美应对气候危机联合声明》《中美关于在 21 世纪 20 年代强化气候行动的格拉斯哥联合宣言》，就推进全球气候治理、加强对话合作等议题进行了坦诚、深入、建设性的对话。

2023 年 10 月 28 日，江苏省与加利福尼亚州在盐城签署“关于加强气候与环境合作的谅解备忘录”，计划加强双方在气候环境、绿色能源等方面的合作。

2023 年 11 月 8 日，中美两国气候特使及团队在美国加州举行的气候会谈圆满结束。双方围绕落实两国元首巴厘岛会晤精神，全面、深入交换意见，就开展气候变化双边合作与行动、共同推动《联合国气候变化框架公约》第二十八次缔约方大会取得成功达成积极成果。

2023 年 11 月 15 日，中美元首会晤前，两国发表《关于加强合作应对气候危机的阳光之乡声明》。根据这份总共 25 项的声明，中美双方重申致力于合作并与其他国家共同努力应对气候危机，并宣布启动“21 世纪 20 年代强化气候行动工作组”。

七、中欧应对气候变化合作

2005 年 9 月中欧领导人在年度峰会上发表《中国和欧盟气候变化联合宣言》，标志着中欧气候变化双边伙伴关系正式建立。双方同意通过加强气候变化（包括清洁能源）方面的合作与对话，在节能和能源、清洁煤、甲烷回收和利用、碳捕获和封存、氢能和燃料电池、发电和电力传输等重点领域开展技术合作，通过加强科学研究和能力建设方面合作，来加强适应气候变化影响方面的合作。

2010 年 4 月，时任国家发展改革委副主任解振华和欧盟委员会气候行动委员康妮・赫泽高，在欧盟委员会高级别代表团访华期间进行了会晤，发表了《中欧气候变化对话与合作联合声明》，重申了“共同但有区别的责任”原则和各自能力，以及全面、有效和持续实施《联合国气候变化框架公约》和《京都议定书》的目标；明确进一步加强政策对话和以成果为导向的中欧合作，建立部长级定期气候变化对话机制和部长级气候变化热线，并将就气候变化国际谈判中的关键问题、各自国内政策和措施以及气候变化具体合作项目的开发和实施展开高官级的磋商和工作层级的讨论。

2015 年 6 月，中欧发布《中欧气候变化联合声明》，强调到 2020 年加速落实应对气候变化行动的重要性。双方重申发达国家所承诺的目标，即在有意义的减缓行动和实施透明度背景下，到2020年每年联合动员1 000亿美元以满足发展中国家的需要。双方决定提升气候变化合作在中欧双边关系中的地位，并进一步加强对话和合作。

2018年7月我国和欧盟发表《中欧领导人气候变化和清洁能源联合声明》，明确推进《联合国气候变化框架公约》进程，双方将在发展绿色金融、削减航空和海运排放以及氢氟碳化合物(HFC)等领域开展合作，推动在碳减排、碳市场、能源效率、清洁能源、低排放交通、低碳城市、碳捕集利用和封存、气候和清洁能源项目投资、协助其他发展中国家等方面的交流和合作。

2019年4月9日，时任国务院总理李克强同欧洲理事会主席唐纳德·图斯克、欧盟委员会主席让-克洛德·容克在布鲁塞尔举行第二十一次中国-欧盟领导人会晤并发表声明，双方将进一步落实《巴黎协定》和《蒙特利尔议定书》的坚定承诺，鉴于采取国内和国际行动为有效进行全球应对气候变化威胁的紧迫性，在《中欧领导人气候变化和清洁能源联合声明》(2018年)的基础上进一步加强合作。

八、中法应对气候变化合作

在2018年1月9日、2019年3月25日和2019年11月6日，中法曾就全球治理等事宜发布过声明。在此基础上,中法两国于2023年4月法兰西共和国总统埃马纽埃尔·马克龙访华期间,发布《中华人民共和国和法兰西共和国联合声明》,为中法合作开辟新前景,为中国-欧盟关系寻求新动能。该联合声明共有51项条款,其中有14条内容与低碳发展相关。联合声明摘要见表2-1。

表2-1 《中华人民共和国和法兰西共和国联合声明》摘要

章节	具体事项摘要
三、促进经济交流	23. 开展民用核能务实合作
四、重启人文交流	31. 确定双边科学合作和促进碳中和科技合作的"中法碳中和中心"的重大方向;加强两国青年科研人员交流,推动优先领域合作和开展联合研究活动
五、共同应对全球性挑战	36. 中法两国愿开展合作,解决发展中经济体和新兴市场经济体融资困难问题,鼓励其加快能源和气候转型,支持其可持续发展。中方将出席2023年6月在巴黎举行的应对气候变化全球融资契约峰会。法方将出席第三届"一带一路"国际合作高峰论坛
	40. 双方欢迎《生物多样性公约》第十五次缔约方大会(COP15)第二阶段会议通过"昆明-蒙特利尔框架"。中方将在未来两年继续担任COP15主席国,愿同法方一道积极推动"昆明-蒙特利尔框架"完整有效落实
	41. 两国为实现每年减少5 000亿美元有损生物多样性的补贴这一目标作出贡献
	42. 中法两国重申各自碳中和/气候中和承诺。法方承诺到2050年实现气候中和。中方承诺二氧化碳排放力争于2030年前达到峰值,努力争取2060年前实现碳中和
	43. 承诺在筹备《联合国气候变化框架公约》第二十八次缔约方大会(COP28)之路上保持密切沟通和协调,推动《巴黎协定》首次全球盘点取得成功

续表

章节	具体事项摘要
五、共同应对全球性挑战	44. 中法两国支持促进和发展有助于生态转型的融资，鼓励各自金融部门（包括银行、保险机构、资产管理人和所有人）统筹业务和减缓和适应气候变化、保护生物多样性、发展循环经济、管控和减少污染或发展蓝色金融等方面的目标。两国还鼓励发展机构和开发银行、央行、监管机构和金融主管部门在绿色和可持续金融领域开展交流，分享经验，推动在非财务信息标准化等方面制定和完善标准
	45. 中法两国认识到建筑行业在两国温室气体排放中占重要比重，积极研究加入“建筑突破”倡议。两国加强合作，推进建筑节能降碳，推动城市可持续发展
	46. 中法两国致力于海洋保护
	47. 中法两国致力于推动由法国和哥斯达黎加共同主办的2025年联合国海洋大会取得成功。中方将研究法方提出的将中国作为《生物多样性公约》第十五次缔约方大会（COP15）主席国与法国作为2025年在尼斯举办的第三届联合国海洋大会主席国关联起来的路线图
	48. 中法两国反对塑料污染（包括微塑料污染）
	49. 中法两国承诺保护和可持续管理森林生态系统，支持就更加可持续的价值链开展科学研究，打击非法森林砍伐及相关贸易
	50. 中法两国将共同努力，通过公正的能源转型伙伴关系等工具，推动发展中国家实现更加公正的能源转型

九、中巴应对气候变化合作

中国和巴西分别是东西半球最大的发展中国家和重要新兴市场国家，两国关系的战略性、全球性影响不言而喻。2023 年 4 月 12 日至 15 日，巴西总统卢拉对我国进行了国事访问。在此期间，两国元首进行深入交谈，双方签署了一系列双边合作协议，包括《中国-巴西应对气候变化联合声明》(以下简称《中巴联合声明》)。《中巴联合声明》指出，发展中国家需要来自发达国家可预测并充足的支持，包括以必要和相称的范围、规模和速度获取气候资金，以及技术和市场准入，以确保实现可持续发展。中巴双方敦促发达国家兑现其尚未履行的气候资金义务，作出他们远高于每年 1 000 亿美元的新的集体量化目标承诺，并提出清晰的适应资金翻倍路线图。《中巴联合声明》表明发展中国家在实现可持续发展过程中的核心关切，也对发达国家历史责任缺口表达了共同关切，并进一步就全球气候治理中的相关问题提出具体关切。

十、中非应对气候变化合作

非洲大陆长久以来饱受气候变化影响，面临安全治理危机，经济发展受到限制，亟待寻找能够化解气候危机的非洲解决方案。

气候变化是全球性的挑战，唯有世界各国携起手来方能共同应对。我国一向高度重视非洲各国在应对气候变化上的重要角色和合理诉求，并同非洲国家深入开展合作。

近年来，我国同非洲国家应对气候变化合作成果斐然。在中非合作论坛、南南合作、共建“一带一路”等机制的引领下，中非双方清洁能源合作进展显著，中国积极投身于非洲清洁能源开发的投资和建设工作，如中非共和国的萨凯光伏电站、肯尼亚的加里萨光伏电站、埃塞俄比亚的艾沙风力发电站和赞比亚的卡夫埃峡水电站等数百个清洁能源项目。此外，我国还举办了多期应对气候变化南南合作培训班，为有关国家培训气候变化领域的官员和技术人员。2021 年 11 月，中非合作论坛第八届部长级会议发布《中非合作论坛——达喀尔行动计划（2022—2024）》《中非合作论坛第八届部长级会议达喀尔宣言》《中非合作 2035 年愿景》《中非应对气候变化合作宣言》等。其中，《中非合作论坛——达喀尔行动计划（2022—2024）》第一次把环境保护和应对气候变化单独列为一章，阐述新时期中非在气候变化领域的合作，包括但不限于共同建立健全绿色低碳循环发展经济体系，利用好现有中非环境合作中心深化环境合作，深化野生动植物、荒漠化、海洋等不同生态环境领域的务实合作；《中非应对气候变化合作宣言》更是体现出我国对非洲低碳发展事业的大力支持的决心，表明新时代中非应对气候变化战略合作伙伴关系的建立，为国际社会应对气候变化合作树立了典范。

2023 年 9 月初，首届非洲气候峰会在肯尼亚首都内罗毕举行，本次峰会的主题为“推动绿色增长，为非洲和世界提供气候融资解决方案”，我国生态环境部部长黄润秋出席并致辞，其致辞不仅阐述了中国作为最大的发展中国家为应对全球气候变化所作贡献，而且就培育中非合作新动能、促成绿色低碳发展等议题表明我方决心和意见。此次峰会也促成了《非洲领导人关于气候变化的内罗毕宣言及行动呼吁》(以下简称《内罗毕宣言》)的发布，《内罗毕宣言》呼吁发展中国家和发达国家携手降低温室气体排放，并敦促发达国家兑现相关的出资和技术援助承诺。

第三讲 应对气候变化的战略与成效

党的十八大以来，在习近平生态文明思想指引下，我国深入贯彻新发展理念，将应对气候变化摆在国家治理更加突出的位置，不断提高碳排放强度削减幅度，不断强化自主贡献目标，以最大努力提高应对气候变化力度，推动经济社会发展全面绿色转型，建设人与自然和谐共生的现代化。

一、我国应对气候变化的理念

我国把应对气候变化作为推进生态文明建设、实现高质量发展的重要抓手，基于实现可持续发展的内在要求和推动构建人类命运共同体的责任担当，形成应对气候变化新理念，以中国智慧为全球气候治理贡献力量。

（一）牢固树立共同体意识

坚持共建人类命运共同体。地球是人类唯一赖以生存的家园，面对全球气候挑战，人类是一荣俱荣、一损俱损的命运共同体，没有哪个国家能独善其身。世界各国应该加强团结、推进合作，携手共建人类命运共同体。

坚持共建人与自然生命共同体。中华文明历来崇尚天人合一、道法自然。但人类进入工业文明时代以来，在创造巨大物质财富的同时，人与自然深层次矛盾日益凸显。大自然孕育抚养了人类，人类应该以自然为根，尊重自然、顺应自然、保护自然。

（二）贯彻新发展理念

在新发展理念中，绿色发展是永续发展的必要条件和人民对美好生活追求的重要体现，也是应对气候变化问题的重要遵循。

绿水青山就是金山银山，保护生态环境就是保护生产力，改善生态环境就是发展生产力。应对气候变化代表了全球绿色低碳转型的大方向。

（三）以人民为中心

气候变化给各国经济社会发展和人民生命财产安全带来严重威胁，应对气候变化关系最广大人民的根本利益。减缓与适应气候变化不仅是增强人民群众生态环境获得感的迫切需要，而且可以为人民提供更高质量、更有效率、更加公平、更可持续、更为安全的发展空间。

（四）大力推进碳达峰碳中和

实现碳达峰、碳中和是着力解决资源环境约束突出问题、实现中华民族永续发展的必然选择，是构建人类命运共同体的庄严承诺。

（五）减污降碳协同增效

二氧化碳和常规污染物的排放具有同源性，大部分来自化石能源的燃烧和利用。控制化石能源利用和碳排放对经济结构、能源结构、交通运输结构和生产生活方式都将产生深远的影响，有利于倒逼和推动经济结构绿色转型，助推高质量发展；有利于减缓气候变化带来的不利影响，减少对人民生命财产和经济社会造成的损失；有利于推动污染源头治理，实现降碳与污染物减排、改善生态环境质量协同增效；有利于促进生物多样性保护，提升生态系统服务功能。

二、我国推进碳达峰碳中和战略

（一）碳达峰碳中和"1+N"政策体系

"1"包括《关于完整准确全面贯彻新发展理念做好碳达峰碳中和工作的意见》《2030年前碳达峰行动方案》两个顶层设计文件。"N"包括能源、工业、交通运输、城乡建设、农业农村等重点领域碳达峰实施方案，煤炭、石油天然气、钢铁、有色金属、石化化工、建材等重点行业碳达峰实施方案，以及科技支撑、财政支持、绿色金融、绿色消费、生态碳汇、减污降碳、统计核算、标准计量、人才培养、干部培训等碳达峰碳中和支撑保障方案。2021年10月24日，中共中央、国务院印发《关于完整准确全面贯彻新发展理念做好碳达峰碳中和工作的意见》。2021年10月26日，国务院印发《2030年前碳达峰行动方案》。两个文件明确了碳达峰碳中和工作的时间表、路线图、施工图，为各地区、各部门、各方面开展"双碳"工作提供了指导和依据。

1.《中共中央 国务院关于完整准确全面贯彻新发展理念做好碳达峰碳中和工作的意见》(以下简称《意见》)

(1) 主要目标

到2025年,绿色低碳循环发展的经济体系初步形成,重点行业能源利用效率大幅提升。单位国内生产总值能耗比2020年下降13.5%;单位国内生产总值二氧化碳排放比2020年下降18%;非化石能源消费比重达到20%左右;森林覆盖率达到24.1%,森林蓄积量达到180亿立方米,为实现碳达峰、碳中和奠定坚实基础。

到2030年,经济社会发展全面绿色转型取得显著成效,重点耗能行业能源利用效率达到国际先进水平。单位国内生产总值能耗大幅下降;单位国内生产总值二氧化碳排放比2005年下降65%以上;非化石能源消费比重达到25%左右,风电、太阳能发电总装机容量达到12亿千瓦以上;森林覆盖率达到25%左右,森林蓄积量达到190亿立方米,二氧化碳排放量达到峰值并实现稳中有降。

到2060年,绿色低碳循环发展的经济体系和清洁低碳安全高效的能源体系全面建立,能源利用效率达到国际先进水平,非化石能源消费比重达到80%以上,碳中和目标顺利实现,生态文明建设取得丰硕成果,开创人与自然和谐共生新境界。

（2）重点任务

《意见》对碳达峰碳中和工作进行系统谋划和总体部署，提出了推进经济社会发展全面绿色转型、深度调整产业结构、加快构建清洁低碳安全高效能源体系、加快推进低碳交通运输体系建设、提升城乡建设绿色低碳发展质量、加强绿色低碳重大科技攻关和推广应用、持续巩固提升碳汇能力、提高对外开放绿色低碳发展水平、健全法律法规标准和统计监测体系、完善政策机制等 10 个方面 31 项重点任务，如表 3-1 所示。

表 3-1 《意见》中的 10 个方面 31 项重点任务

10 个方面	重点任务
推进经济社会发展全面绿色转型	强化绿色低碳发展规划引领
	优化绿色低碳发展区域布局
	加快形成绿色生产生活方式
深度调整产业结构	推动产业结构优化升级
	坚决遏制高耗能高排放项目盲目发展
	大力发展绿色低碳产业
加快构建清洁低碳安全高效能源体系	强化能源消费强度和总量双控
	大幅提升能源利用效率
	严格控制化石能源消费
	积极发展非化石能源
	深化能源体制机制改革
加快推进低碳交通运输体系建设	优化交通运输结构
	推广节能低碳型交通工具
	积极引导低碳出行

续表

10个方面	重点任务
提升城乡建设绿色低碳发展质量	推进城乡建设和管理模式低碳转型
	大力发展节能低碳建筑
	加快优化建筑用能结构
加强绿色低碳重大科技攻关和推广应用	强化基础研究和前沿技术布局
	加快先进适用技术研发和推广
持续巩固提升碳汇能力	巩固生态系统碳汇能力
	提升生态系统碳汇增量
提高对外开放绿色低碳发展水平	加快建立绿色贸易体系
	推进绿色“一带一路”建设
	加强国际交流与合作
健全法律法规标准和统计监测体系	健全法律法规
	完善标准计量体系
	提升统计监测能力
完善政策机制	完善投资政策
	积极发展绿色金融
	完善财税价格政策
	推进市场化机制建设

2.《2030年前碳达峰行动方案》

《2030年前碳达峰行动方案》聚焦“十四五”“十五五”两个碳达峰关键期，提出了总体部署、分类施策，系统推进、重点突破，双轮驱动、两手发力，稳妥有序、安全降碳四方面工作原则，部署了能源绿色低碳转型行动、节能降碳增效行动、工业领域碳达峰行动、城乡建设碳达峰行动、交通运输绿色低碳行动、循环经济助力降碳行动、绿色低碳科技创新行动、碳汇能力巩固提升行动、绿色低碳全民行动、各地区梯次有序碳达峰行动等“碳达峰十大行动”，如表 3-2 所示。

表 3-2　碳达峰十大行动和具体内容

十大行动	具体内容
能源绿色低碳转型行动	推进煤炭消费替代和转型升级
	大力发展新能源
	因地制宜开发水电
	积极安全有序发展核电
	合理调控油气消费
	加快建设新型电力系统
节能降碳增效行动	全面提升节能管理能力
	实施节能降碳重点工程
	推进重点用能设备节能增效
	加强新型基础设施节能降碳
工业领域碳达峰行动	推动工业领域绿色低碳发展
	推动钢铁行业碳达峰
	推动有色金属行业碳达峰
	推动建材行业碳达峰
	推动石化化工行业碳达峰
	坚决遏制“两高”项目盲目发展
城乡建设碳达峰行动	推进城乡建设绿色低碳转型
	加快提升建筑能效水平
	加快优化建筑用能结构
	推进农村建设和用能低碳转型

续表

十大行动	具体内容
交通运输绿色低碳行动	推动运输工具装备低碳转型
	构建绿色高效交通运输体系
	加快绿色交通基础设施建设
循环经济助力降碳行动	推进产业园区循环化发展
	加强大宗固废综合利用
	健全资源循环利用体系
	大力推进生活垃圾减量化资源化
绿色低碳科技创新行动	完善创新体制机制
	加强创新能力建设和人才培养
	强化应用基础研究
	加快先进适用技术研发和推广应用
碳汇能力巩固提升行动	巩固生态系统固碳作用
	提升生态系统碳汇能力
	加强生态系统碳汇基础支撑
	推进农业农村减排固碳
绿色低碳全民行动	加强生态文明宣传教育
	推广绿色低碳生活方式
	引导企业履行社会责任
	强化领导干部培训
各地区梯次有序碳达峰行动	科学合理确定有序达峰目标
	因地制宜推进绿色低碳发展
	上下联动制定地方达峰方案
	组织开展碳达峰试点建设

（二）碳达峰有关政策文件

碳达峰有关政策文件见表 3-3。

表 3-3 碳达峰有关政策文件

	公开时间	政策文件名称
能源绿色低碳转型行动	2022 年 2 月 10 日	国家发展改革委、国家能源局《关于完善能源绿色低碳转型体制机制和政策措施的意见》（发改能源〔2022〕206 号）
	2022 年 3 月 22 日	国家发展改革委、国家能源局《“十四五”现代能源体系规划》（发改能源〔2022〕210 号）
	2022 年 3 月 23 日	国家发展改革委、国家能源局《氢能产业发展中长期规划（2021—2035 年）》
	2022 年 6 月 1 日	国家发展改革委等九部门《“十四五”可再生能源发展规划》（发改能源〔2021〕1445 号）
节能降碳增效行动	2022 年 1 月 24 日	国务院《“十四五”节能减排综合工作方案》（国发〔2021〕33 号）
	2022 年 2 月 3 日	国家发展改革委等四部门《高耗能行业重点领域节能降碳改造升级实施指南（2022 年版）》（发改产业〔2022〕200 号）
	2022 年 6 月 10 日	生态环境部等七部门《减污降碳协同增效实施方案》（环综合〔2022〕42 号）
工业领域碳达峰行动	2021 年 12 月 3 日	工业和信息化部《“十四五”工业绿色发展规划》（工信部规〔2021〕178 号）
	2022 年 1 月 30 日	工业和信息化部等九部门《“十四五”医药工业发展规划》（工信部联规〔2021〕217 号）
	2022 年 2 月 7 日	工业和信息化部、国家发展改革委、生态环境部《关于促进钢铁工业高质量发展的指导意见》（工信部联原〔2022〕6 号）
	2022 年 4 月 7 日	工业和信息化部等六部门《关于“十四五”推动石化化工行业高质量发展的指导意见》（工信部联原〔2022〕34 号）

续表

	公开时间	政策文件名称
工业领域碳达峰行动	2022 年 4 月 21 日	工业和信息化部、国家发展改革委《关于化纤工业高质量发展的指导意见》（工信部联消费〔2022〕43 号）
	2022 年 4 月 21 日	工业和信息化部、国家发展改革委《关于产业用纺织品行业高质量发展的指导意见》（工信部联消费〔2022〕44 号）
	2022 年 6 月 17 日	工业和信息化部等五部门《关于推动轻工业高质量发展的指导意见》（工信部联消费〔2022〕68 号）
	2022 年 6 月 21 日	工业和信息化部等六部门《工业水效提升行动计划》（工信部联节〔2022〕72 号）
	2022 年 6 月 29 日	工业和信息化部等六部门《工业能效提升行动计划》（工信部联节〔2022〕76 号）
	2022 年 8 月 1 日	工业和信息化部、国家发展改革委、生态环境部《工业领域碳达峰实施方案》（工信部联节〔2022〕88 号）
城乡建设碳达峰行动	2021 年 10 月 21 日	中共中央办公厅、国务院办公厅《关于推动城乡建设绿色发展的意见》（中办发〔2021〕37 号）
	2022 年 1 月 25 日	住房城乡建设部《"十四五"建筑业发展规划》（建市〔2022〕11 号）
	2022 年 2 月 11 日	国务院《"十四五"推进农业农村现代化规划》（国发〔2021〕25 号）
	2022 年 3 月 11 日	住房城乡建设部《"十四五"住房和城乡建设科技发展规划》（建标〔2022〕23 号）
	2022 年 3 月 11 日	住房城乡建设部《"十四五"建筑节能与绿色建筑发展规划》（建标〔2022〕24 号）
	2022 年 6 月 30 日	农业农村部、国家发展改革委《农业农村减排固碳实施方案》（农科教发〔2022〕2 号）
	2022 年 7 月 13 日	住房城乡建设部、国家发展改革委《城乡建设领域碳达峰实施方案》（建标〔2022〕53 号）

续表

	公开时间	政策文件名称
交通运输绿色低碳行动	2022 年 1 月 18 日	国务院《"十四五"现代综合交通运输体系发展规划》(国发〔2021〕27 号)
	2022 年 1 月 21 日	交通运输部《绿色交通"十四五"发展规划》(交规划发〔2021〕104 号)
	2022 年 6 月 24 日	《交通运输部、国家铁路局、中国民用航空局、国家邮政局贯彻落实〈中共中央 国务院关于完整准确全面贯彻新发展理念做好碳达峰碳中和工作的意见〉的实施意见》(交规划发〔2022〕56 号)
循环经济助力降碳行动	2021 年 7 月 1 日	国家发展改革委《"十四五"循环经济发展规划》(发改环资〔2021〕969 号)
	2022 年 2 月 10 日	工业和信息化部等八部门《关于加快推动工业资源综合利用的实施方案》(工信部联节〔2022〕9 号)
绿色低碳科技创新行动	2022 年 4 月 2 日	国家能源局、科技部《"十四五"能源领域科技创新规划》(国能发科技〔2021〕58 号)
	2022 年 8 月 18 日	科技部等九部门《科技支撑碳达峰碳中和实施方案(2022—2030 年)》(国科发社〔2022〕157 号)
碳汇能力巩固提升行动	2021 年 12 月 31 日	《林业碳汇项目审定和核证指南》(GB/T 41198—2021)
	2022 年 2 月 21 日	自然资源部《海洋碳汇经济价值核算方法》
绿色低碳全民行动	2022 年 5 月 7 日	教育部《加强碳达峰碳中和高等教育人才培养体系建设工作方案》(教高函〔2022〕3 号)
各地区梯次有序碳达峰行动	2021 年 6 月 8 日	《浙江省碳达峰碳中和科技创新行动方案》(省科领〔2021〕1 号)
	2022 年 7 月 18 日	《江西省碳达峰实施方案》(赣府发〔2022〕17 号)
	2022 年 7 月 25 日	《中共广东省委 广东省人民政府关于完整准确全面贯彻新发展理念推进碳达峰碳中和工作的实施意见》
	2022 年 7 月 28 日	《上海市碳达峰实施方案》(沪府发〔2022〕7 号)

续表

	公开时间	政策文件名称
各地区梯次有序碳达峰行动	2022 年 8 月 1 日	《吉林省碳达峰实施方案》(吉政发〔2022〕11 号)
	2022 年 8 月 21 日	中共福建省委、福建省人民政府《关于完整准确全面贯彻新发展理念做好碳达峰碳中和工作的实施意见》
	2022 年 8 月 22 日	《海南省碳达峰实施方案》(琼府〔2022〕27 号)
	……	
其他	2021 年 12 月 30 日	国务院国资委《关于推进中央企业高质量发展做好碳达峰碳中和工作的指导意见》(国资发科创〔2021〕93 号)
	2022 年 3 月 15 日	生态环境部办公厅《关于做好 2022 年企业温室气体排放报告管理相关重点工作的通知》(环办气候函〔2022〕111 号)
	2022 年 6 月 1 日	中国银保监会《银行业保险业绿色金融指引》(银保监发〔2022〕15 号)
	2022 年 5 月 31 日	国家税务总局《支持绿色发展税费优惠政策指引》
	2022 年 5 月 30 日	财政部《财政支持做好碳达峰碳中和工作的意见》(财资环〔2022〕53 号)

(三) 国家自主贡献目标

2015 年,我国确定了到 2030 年的自主贡献目标:二氧化碳排放 2030 年左右达到峰值并争取尽早达峰。截至 2019 年底,中国已经提前超额完成 2020 年气候行动目标。

2020 年,我国宣布更新和强化国家自主贡献目标:二氧化碳排放力争于 2030 年前达到峰值,努力争取 2060 年前实现碳中和;到

2030年，单位国内生产总值(GDP)二氧化碳排放将比2005年下降65%以上，非化石能源占一次能源消费比重将达到25%左右，森林蓄积量将比2005年增加60亿立方米，风电、太阳能发电总装机容量将达到12亿千瓦以上。相比2015年提出的自主贡献目标，时间更紧迫，碳排放强度削减幅度更大，非化石能源占一次能源消费比重再增加5个百分点，增加非化石能源装机容量目标，森林蓄积量再增加15亿立方米，明确争取2060年前实现碳中和。2021年，我国宣布不再新建境外煤电项目。

(四)《国家适应气候变化战略2035》

2022年6月，生态环境部、国家发展改革委、科技部等十七部门联合印发《国家适应气候变化战略2035》，对当前至2035年适应气候变化工作作出统筹谋划部署，是实施积极应对气候变化国家战略、强化适应气候变化工作的重要举措。

1. 主要目标

到2025年，适应气候变化政策体系和体制机制基本形成，气候变化和极端天气气候事件监测预警能力持续增强，气候变化不利影响和风险评估水平有效提升，气候相关灾害防治体系和防治能力现代化取得重大进展，各重点领域和重点区域适应气候变化行动有效开展，适应气候变化区域格局基本确立，气候适应型城市建设试点取得显著进展，先进适应技术得到应用推广，全社会自觉参与适应气候变化行动的氛围初步形成。

到2030年，适应气候变化政策体系和体制机制基本完善，气候变化观测预测、影响评估、风险管理体系基本形成，气候相关重大风险防范和灾害防治能力显著提升，各领域和区域适应气候变化行动全面开展，自然生态系统和经济社会系统气候脆弱性明显降低，全社会适应气候变化理念广泛普及，适应气候变化技术体系和标准体系基本形成，气候适应型社会建设取得阶段性成效。

到2035年，气候变化监测预警能力达到同期国际先进水平，气候风险管理和防范体系基本成熟，重特大气候相关灾害风险得到有效防控，适应气候变化技术体系和标准体系更加完善，全社会适应气候变化能力显著提升，气候适应型社会基本建成。

2. 主要任务

《国家适应气候变化战略2035》系统谋划了“加强气候变化监测预警和风险管理、提升自然生态系统适应气候变化能力、强化经济社会系统适应气候变化能力、构建适应气候变化区域格局”四个重点方面，如表3-4所示。

表 3-4 《国家适应气候变化战略 2035》主要工作方面

方面	工作任务
加强气候变化监测预警和风险管理	加强气候变化观测网络建设，强化监测预测预警和影响风险评估，提升气候风险管理和综合防灾减灾能力
提升自然生态系统适应气候变化能力	统筹推进山水林田湖草沙一体化保护和系统治理，全方位贯彻“四水四定”原则，统筹陆地和海洋适应气候变化工作，实施基于自然的解决方案，提升我国自然生态系统适应气候变化能力
强化经济社会系统适应气候变化能力	防范气候风险从自然生态系统向经济社会系统的传递，以对气候变化影响敏感的关键领域为抓手，坚持减缓、适应与可持续发展协同理念，增强我国经济社会系统气候韧性
构建适应气候变化区域格局	在考虑各地气候变化、自然条件和经济社会发展状况不同的基础上，部署构建适应气候变化的国土空间、强化区域适应气候变化行动、提升重大战略区域适应气候变化能力等工作，推动建成全面覆盖、重点突出的适应气候变化区域格局

三、江苏推进碳达峰碳中和战略

江苏省根据《中共中央 国务院关于完整准确全面贯彻新发展理念做好碳达峰碳中和工作的意见》、国务院《2030 年前碳达峰行动方案》和生态环境部等十七部门《国家适应气候变化战略 2035》要求，强化应对气候变化整体布局。一是研究起草碳达峰碳中和总体设计文件，制定印发了《关于推动高质量发展做好碳达峰碳中和工作的实施意见》和《江苏省碳达峰实施方案》。二是积极构建“1＋1＋N”碳达峰碳中和政策体系，除《关于推动高质量发展做好碳达峰碳中和工作的实施意见》和《江苏省碳达峰实施方案》外，统筹推进

19个重点领域专项实施方案和关键环节专项保障方案的制定，包括能源，工业，城乡建设，交通运输，农业农村，城市、园区共6个专项领域实施方案和科技、节能、能源保供、氢能、减污降碳协同、新基建、碳汇、财经、投资基金、教育、干部培训、低碳社会、督查考核共13个专项保障方案。三是系统谋划"十四五"应对气候变化工作。2022年4月，印发实施《江苏省"十四五"应对气候变化规划》，按照"坚持长远战略布局、坚持系统协同推进、坚持减缓适应并重、坚持社会多方共治"的原则，全面谋划了加快推动绿色低碳发展、有力有序有效推进碳达峰、主动适应气候变化、提高气候治理综合能力、加强规划组织实施等5个方面重点工作。四是制定印发碳达峰水平专项考核方案，将碳达峰碳中和相关指标纳入高质量考核体系。

江苏碳达峰、碳中和政策体系如表3-5所示。

表3-5 江苏碳达峰、碳中和政策体系

	1.《关于推动高质量发展做好碳达峰碳中和工作的实施意见》
	2.《江苏省碳达峰实施方案》
重点领域专项实施方案	1.能源领域碳达峰实施方案
	2.工业领域及重点行业碳达峰实施方案
	3.交通运输领域碳达峰实施方案
	4.城乡建设领域碳达峰实施方案
	5.农业农村领域碳达峰实施方案
	6.城市、园区碳达峰试点实施方案

续表

关键环节专项保障方案	1. 科技支撑碳达峰碳中和实施方案
	2. 全社会节能促进碳达峰实施方案
	3. 碳达峰目标下能源保障供应实施方案
	4. 氢能产业发展规划
	5. 减污降碳协同增效实施方案
	6. 数据中心和5G等新型基础设施绿色高质量发展实施方案
	7. 生态系统碳汇能力巩固提升实施方案
	8. 财政支持做好碳达峰碳中和工作实施方案
	9. 碳达峰碳中和领域投资基金设立方案
	10. 绿色低碳发展国民教育体系建设实施方案
	11. 领导干部碳达峰碳中和教育培训和人才培养实施方案
	12. 绿色低碳社会行动示范创建方案
	13. 碳达峰碳中和目标任务落实情况督查考核方案

四、我国应对气候变化成效

党的十八大以来，我国统筹推进应对气候变化与生态环境保护相关工作，全面增强绿色低碳发展的自觉性和主动性，产业结构优化升级成效明显，能源绿色低碳转型成效显著，生态系统质量和稳定性稳步提高，在应对气候变化方面成效显著。

（一）绿色低碳高质量发展经济体系建设稳步推进

我国着力调整经济结构、转变发展方式，催生促进绿色低碳发展的新技术、新产品、新产业、新模式、新业态和新经济，培育形成绿色低碳循环发展经济体系，发展质量和效益不断提高。

绿色低碳产业体系日益完善。2017—2022 年，我国经济结构进一步优化，高技术制造业、装备制造业增加值年均分别增长 10.6%、7.9%，数字经济不断壮大，新产业新业态新模式增加值占国内生产总值的比重达到 17%以上。区域协调发展战略、区域重大战略深入实施。据《中华人民共和国 2022 年国民经济和社会发展统计公报》，2022 年，规模以上工业中，高技术制造业增加值比上年增长 7.4%。服务业“稳定器”作用明显，经济结构继续优化，三次产业增加值占 GDP 的比重分别为 7.3%、39.9%和 52.8%。2022 年，我国单位 GDP 能耗强度下降 0.1%，碳排放强度下降 0.8%。

能源结构加快绿色转型。非化石能源加快发展，可再生能源利用效率显著提高。2022 年，我国可再生能源新增装机 1.52 亿千瓦，占全国新增发电装机的 76.2%，已成为我国电力新增装机的主体。截至 2022 年底，我国非化石能源装机约 12.7 亿千瓦，同比增长 13.8%，占比提升至 49.6%，创下新高；可再生能源装机达到 12.13 亿千瓦，占全国发电总装机的 47.3%，较 2021 年提高

2.5个百分点，其中风电3.65亿千瓦、太阳能发电3.93亿千瓦、常规水电3.68亿千瓦，海上风电装机连续两年位居全球首位。2022年，可再生能源发电量达到2.7万亿千瓦时，占全社会用电量的31.6%，较2021年提高1.7个百分点，相当于减少国内二氧化碳排放约22.6亿吨；全国风电、光伏利用率分别达到96.8%、98.3%。合理控制煤炭消费，推进煤炭消费转型升级。“十四五”前两年，煤电“三改联动”改造规模合计超过4.85亿千瓦，完成“十四五”目标约81%，其中节能降碳改造1.52亿千瓦、灵活性改造1.88亿千瓦、供热改造1.45亿千瓦。2022年，全国火电机组平均供电标准煤耗301.5克/千瓦时，比2012年下降了7.2%。

工业领域持续提质增效。传统工业生产方式发生绿色化变革，产业模式、企业形态、业务模式大幅革新，生产管理、能源资源配置和质量管理水平显著提升。绿色制造体系建设稳步推进，全产业链和产品生命周期绿色发展水平不断提高，企业间、产业间的系统融合及资源共享能力进一步加强，绿色低碳产品供给持续增强。循环经济有序发展，再生资源回收利用体系初步构建。规模以上工业单位增加值能耗进一步下降，粗钢、电解铝、乙烯单位产品综合能耗分别较2012年下降9.0%、4.7%和4.9%，水泥熟料、平板玻璃、电解铝等单位产品综合能耗总体处于世界先进水平，2021年规模以上工业单位增加值能耗下降5.6%。持续推动化解过剩产能，2021年累计淘汰和化解钢铁产能3亿吨左右、水泥产能近4亿吨、平板玻璃1.5亿重量箱，电解铝、水泥行业落后产能已基本退出。坚决遏制“两高一低”项目盲目发展，2021年压减拟上马的“两高一低”项目350多个，减少新增用能需求2.7亿吨标准煤。

绿色低碳交通运输体系加快建成。近年来，我国大力推广节能低碳型交通工具，加大新能源汽车在城市公交、出租汽车等领域的推广应用力度，截至2022年底，全国城市公共汽电车共70.32万辆，其中新能源城市公共汽电车54.26万辆，占比77.2%。2022年，充电基础设施年增长数量达到260万台左右，累计数量达到520万台左右，同比增长近100%。开展城市绿色货运配送示范工程创建，推进船舶靠港使用岸电，推进液化天然气（Liquefied Natural Gas，英文缩写LNG）应用，截至2021年底，全国建成内河LNG动力船舶310余艘。大力推进既有铁路电气化改造、降低铁路运输能耗，2021年铁路电气化率达73.3%，2022年国家铁路单位运输工作量综合能耗同比下降4.7%。

种植业节能减排成效显著。示范推广水稻高产低排放技术模式，降低稻田甲烷排放。构建秸秆还田下水稻丰产与甲烷减排的稻作新模式，实现水稻增产4.1%～8.8%、氮肥利用增效30.2%～36.0%、稻作节本增收8.3%～9.7%和甲烷减排31.5%～71.7%的显著效果。推进化肥减量增效，降低农田氧化亚氮排放。2020年，全国化肥用量与2015年相比降幅达12.8%；

三大粮食作物化肥利用率40.2%，比2015年提高5个百分点；测土配方施肥19.3亿亩次，比2015年增加17.7%。

（二）自然生态保护水平显著提升

我国始终坚持人与自然和谐共生，积极发挥“基于自然的解决方案”在温室气体减排与增汇方面的潜力，提高陆地和海洋生态系统气候恢复力水平，使绿水青山持续发挥生态效益和经济社会效益。

生态资源得到有效保护。发挥国土空间规划在国土空间开发保护中的战略引领和刚性管控作用，在资源环境承载能力和国土空间开发适宜性评价基础上，完善并落实主体功能区战略，整体谋划新时代国土空间开发保护格局。2021年，部署实施10个山水林田湖草沙一体化保护和修复工程，首次实行造林任务直达到县、落地上图，以国家公园为主体的自然保护地体系持续完善。划定生态保护红线，涵盖绝大部分天然林、草地、湿地等典型陆地自然生态系统，以及红树林、珊瑚礁、海草床等典型海洋自然生态系统，进一步夯实全国生态安全格局、稳定生态系统固碳作用。全国森林火灾次数、受害森林面积、受害草原面积同比下降47%、50%和62%。启动松材线虫病防控五年攻坚行动，林业、草原有害生物防治面积分别达1.5亿亩、2.06亿亩。截至2021年底，全国森林覆盖率达到24.02%，森林蓄积量达到194.93亿立方米。

土壤碳汇能力大幅提高。重大生态保护和修复工程有序推进，森林、草原、海洋、湿地、荒漠生态得到有效保护和修复，划定和严守生态保护红线，森林草原灾害综合防控能力显著提升，灾害导致的温室气体排放明显减少。全面建成以国家公园为主体的自然保护地体系，生物多样性得到全面保护，生态系统应对气候变化功能和作用得到充分发挥。2021 年，完成造林 5 400 万亩，种草改良草原 4 600 万亩，治理沙化、石漠化土地 2 160 万亩，续建 9 个国家沙化土地封禁保护区，完成森林抚育 3 467 万亩，退化林修复 1 400 万亩，新增和修复湿地 109 万亩，全国新建成高标准农田 10 551 万亩，东北典型黑土地区共完成耕地保护面积 1 亿亩以上。在 401 个县实施秸秆综合利用行动，全国秸秆还田量超过 4 亿吨，还田面积近 11 亿亩。

（三）全国碳市场建设加快推进

持续推进全国碳市场制度体系建设。制度体系是推进碳市场建设的重要保障，为更好地推进完善碳交易市场，国家出台了《碳排放权交易管理办法（试行）》，印发了《全国碳排放权交易市场建设方案（发电行业）》、全国碳市场第一个履约周期配额分配方案。2021 年以来，陆续发布了企业温室气体排放报告，核查技术规范和碳排放权登记、交易、结算三项管理规则，初步构建起全国碳市场制度体系，规范了全国碳市场运行和管理的各重点环节。同时，积极推动《碳排放权交易管理暂行条例》立法进程。

启动全国碳市场上线交易。2021 年 7 月 16 日，全国碳市场上线交易正式启动；第一个履约周期共纳入发电行业重点排放单位 2 162 家，覆盖约 45 亿吨二氧化碳排放量，是全球覆盖排放量规模最大的碳市场。全国碳市场上线交易得到国内国际高度关注和积极评价。截至 2023 年 10 月 25 日，全国碳市场碳排放配额累计成交量 3.65 亿吨，累计成交额 194.37 亿元，市场运行总体平稳有序。

建立温室气体自愿减排交易机制。为调动全社会自觉参与碳减排活动的积极性，体现交易主体的社会责任和低碳发展需求，促进能源消费和产业结构低碳化，2012 年，我国建立温室气体自愿减排交易机制。截至 2021 年 9 月 30 日，自愿减排交易累计成交量超过 3.34 亿吨二氧化碳当量，成交额逾 29.51 亿元，国家核证自愿减排量（CCER）已被用于碳排放权交易试点市场配额清缴抵销或公益性注销，有效促进了能源结构优化和生态保护补偿。2023 年 10 月，生态环境部、国家市场监管总局发布了《温室气体自愿减排交易管理办法（试行）》，进一步规范全国温室气体自愿减排交易及相关活动。

（四）主动适应气候变化能力增强

不断强化监测预测预警和影响风险评估，提升气候风险管理能力。建成由地面自动气象站、雷达、气象卫星等组成的综合气象观测系统。建立区域性气象灾害长时间序列灾情数据库，推进风险普查数据库建设，完成全国气象灾害危险性区划和风险区划。对气候变化承受力脆弱区、气候变化敏感区多要素监测逐步加强，森林、水文、海洋、生态环境、卫生健康等领域监测网络布局不断完善，已建立起我国近海与南海观测、岛屿与近岸水文气象监测、黄海和渤海观测网络。加快实施自然灾害监测预警信息化工程，加快推进自然灾害综合监测预警等业务应用系统建设，完善灾害监测预警平台，会商研判、应急指挥调度等信息化水平不断提升。有序推进第一次全国自然灾害综合风险普查工作，全面完成全国普查调查和试点评估区划任务，建立健全业务技术、技术规范和工作制度体系。构建覆盖全国的部-省-市-县灾情信息调度系统，完善农气会商机制，提高了农业灾害风险防范预警能力。建立了应急广播长效机制，初步形成国家、省、市、县、乡、村应急广播体系架构，提高了极端气象灾害及次生衍生灾害的预警信息发布与接受能力。建立了地质灾害监测与预警预报体系，完善全国县、乡、村、组四级群测群防体系，开展地质灾害气象预警工作，初步实现高中风险易发区预警全覆盖。

五、江苏应对气候变化成效

近年来，江苏积极推动经济社会发展全面绿色转型，能源结构不断优化，减缓和适应气候变化能力不断增强。

（一）能耗强度和碳排放强度持续下降

2022 年，江苏实现地区生产总值 12.29 万亿元，人均地区生产总值为 14.44 万元。江苏以占全国 6%的人口、1.1%的土地，创造了全国 10.2%的经济总量。江苏能源消费总量从 2010 年的 2.58 亿吨标准煤上升到 2021 年的 3.48 亿吨标准煤，单位地区生产总值能耗累计下降 42%，年均下降 5.1%。单位地区生产总值二氧化碳排放累计下降 46.4%，年均下降 5.8%，能源活动的二氧化碳排放总量增速逐步放缓。2020 年，江苏单位地区生产总值二氧化碳排放比 2005 年累计下降超过 55%，超额完成《江苏省应对气候变化规划（2015—2020 年）》目标。

（二）产业结构加快转型升级

2022 年江苏三次产业比例为 4∶45.5∶50.5，工业战略性新兴产业和高新技术产业产值占规上工业产值比重分别达 40.8%和 48.5%。2022 年全省高新技术企业新增超过 7 000 家，累计总数超 4.4 万家，以新产业、新业态、新模式为主要内容的“三新”经济快速发展，对全省经济增长的贡献不断加大，引领带动作用日益增强。2022 年，全省“三新”经济实现增加值 30 780 亿元，比上年名义增长 6.4%，快于同期 GDP 名义增速 0.8 个百分点；相当于

GDP的比重为25.1%，比2021年提高0.2个百分点。企业信息化与工业化融合发展水平居全国第一。节能降耗水平显著提升，"十三五"期间共12家企业入围国家能效"领跑者"名单；实施重点节能改造项目332项，年节能205万吨标准煤。

（三）能源结构不断优化

全省着力控制煤炭消费总量，煤炭消费占比从2010年的64.5%下降到2022年的54.4%；天然气消费量全国领先，2022年消费量达307.9亿立方米；非化石能源发展不断提速，2022年非化石能源占一次能源消费比重提高至14%左右，比2010年提高8.5个百分点。

（四）重点领域深入推进绿色低碳发展

江苏大力发展高品质绿色建筑，推动城乡建设领域发展模式向绿色、低碳方向转型。建筑节能、绿色发展稳步推进，"十三五"期间，江苏新增绿色建筑面积6.22亿平方米，城镇绿色建筑占新建建筑比例达98%，城镇新建民用建筑全面执行65%建筑节能标准。2022年全年，江苏新增绿色建筑面积1.8亿平方米，城镇绿色建筑占新建建筑比例超过99%，累计建成绿色建筑面积超11.7亿平方米，推动城镇新建居住建筑执行75%节能标准。

低碳交通运输体系加快建成，推行"绿色车轮计划"，加快公共领域车辆电动化进程。到“十三五”期末，城市公交出行分担率达26%，城市轨道交通运营里程达到800公里，居全国第二。截至2022年底，全省城市公交车中纯电动、混合动力、氢能源公交车占比达71.7%，城市建成区新增或更新的公交车中新能源或清洁能源车辆占比超过90%。

生态系统碳汇能力持续增强。2010年以来，全省新增造林面积700万亩，林木覆盖率由20.64%提高到24.06%，2022年活立木总蓄积量超过9 609万立方米。在全国率先开展了生物多样性本底调查，目前记录物种数达6 903种。积极推动生态创建，累计建成31个国家生态文明建设示范区、8个“绿水青山就是金山银山”实践创新基地，数量位居全国前列。累计建成67个生态安全缓冲区，总面积约3 230公顷，在吴中、溧阳、南通等地创新开展“生态岛”试验区建设，在持续削减污染负荷的同时，推动生态效益向经济效益的转化。

（五）适应气候变化能力增强

山水林田湖草一体化保护成效显著，适应气候变化能力显著提升。积极推进绿色防控示范区建设，森林资源质量不断提升。建设地表水源地信息共享平台，不断加强水生态文明试点和生态河湖建设，节水型社会逐步建成。开展空气污染（雾霾）对人群健康影响监测与防护项目，建立健全与气候变化相关的媒介传播疾病防控体系，公共卫生服务项目有序推进。建立自然灾害防治工作省级联席会议制度，智能化改造国家级地面气象观察站，不断提升生态遥感监测能力，完成全省第二次林业碳汇监测，气候变化基础数据库建设有序推进、综合观测能力持续增强。

第四讲

应对气候变化行动计划

我国当前面临着发展经济、改善民生、污染治理、生态保护等一系列艰巨任务。党的二十大报告明确提出，“我们要推进美丽中国建设，坚持山水林田湖草沙一体化保护和系统治理，统筹产业结构调整、污染治理、生态保护、应对气候变化，协同推进降碳、减污、扩绿、增长，推进生态优先、节约集约、绿色低碳发展”。为实现应对气候变化目标，我国将迎难而上，积极制定和实施一系列应对气候变化战略、法规、政策、标准与行动，推动共建公平合理、合作共赢的全球气候治理体系，为应对气候变化贡献中国智慧、中国力量。

一、我国应对气候变化行动计划

积极探索符合我国国情的绿色低碳发展道路，将应对气候变化作为推进生态文明建设、实现高质量发展的重要抓手，通过实施积极应对气候变化国家战略，开展应对气候变化行动，推动我国应对气候变化实践不断取得新进步。

（一）积极推进温室气体减排

实施温室气体管控政策。落实碳达峰碳中和“1+N”政策体系，推进能源、工业、交通、住建等领域碳达峰行动。统筹推进深入打好污染防治攻坚战与碳达峰碳中和相关工作，将减污降碳协同增效作为促进经济社会发展全面绿色转型的总抓手，协同推进温室气体排放控制与污染物减排相关目标与任务，推动减污降碳一体谋划、一体部署、一体推进、一体考核。指导地方根据自身发展阶段、资源禀赋等因素，落实碳排放强度下降目标，并做好目标进展情况跟踪评估考核工作。

控制工业领域温室气体。深度调整产业结构，坚决遏制高耗能高排放低水平项目盲目发展，大力发展绿色低碳产业。实施重点行业绿色升级工程，推动钢铁、有色金属、石化化工、建材等重点行业低碳转型升级，依规淘汰落后产能，优化生产力布局。将发展重心从高耗能产业转移至高附加值、高科技含量产业和战略性新兴产业。对高耗能高排放低水平项目实行清单管理、分类处置、动态监控，坚决遏制“两高”项目盲目发展。深入推进工业领域节能降碳，把节能提效作为满足能源消费增长的最优先来源，大幅提升重点行业能源利用效率和重点产品能效水平，推进用能低碳化、智慧化、系统化。推动数字赋能工业绿色低碳转型，强化企业需求和信息服务供给对接，加快数字化低碳解决方案应用推广。加快推进绿色制造体系建设，促进全产业链和产品生命周期绿色发展，建立统一的绿色产品认证标识体系，增加绿色产品供给。大力发展循环经济，推动绿色技术、环保材料、绿色工艺与装备、废旧产品回收资源化与再制造等领域加快发展，构建再生资源回收利用体系。推进重大低碳技术、工艺、装备创新突破和改造应用，以技术工艺革新、生产流程再造促进工业减碳去碳。

控制能源领域温室气体。健全能耗“双控”与碳排放控制制度，深入实施节能监察、节能诊断、能效对标达标和能效“领跑者”行动等。大力发展非化石能源，加快发展风电、太阳能发电，因地制宜开发水电，积极安全有序发展核电，推进生物质能多元化开发利用，因地制宜开发利用海洋能、地热能等可再生能源。推动构建新型电力系统，推动电力系统向适应大规模高比例新能源方向演进，创新电网结构形态和运行模式，加快配电网改造升级，提高全网消纳新能源能力。加快新型储能技术规模化应用，大力推进电源侧储能发展。减少能源产业碳足迹，推进化石能源开发生产环节碳减排，减少能源加工储运环节碳排放，推进煤炭分质分级梯级利用，有序淘汰煤电落后产能。

控制建筑领域温室气体。强化绿色低碳城市建设，持续优化城市结构和布局，加强生态廊道、景观视廊、通风廊道、滨水空间和城市绿道统筹布局，推动城市生态修复，完善城市生态系统。开展绿色低碳社区建设，将绿色发展理念贯穿社区规划建设管理全过程。全面提高绿色低碳建筑水平，大力发展装配式建筑，推广钢结构住宅，持续开展绿色建筑创建行动，推动城镇新建建筑执行绿色建筑标准，鼓励建设零碳建筑和近零能耗建筑。提高基础设施运行效率，强化基础设施体系化、智能化、生态绿色化建设和稳定运行能力，减少基础设施运行过程中的能源消耗和碳排放。推动采用可再生能源、燃气、电力、热电联产等方式加快供暖燃煤锅炉替代。优化城市建设用能结构，推进建筑太阳能光伏一体化建设，因地制宜推进地热能、生物质能应用，推广空气源等各类电动热泵技术。

控制交通运输领域温室气体。优化空间布局，推动形成与生态保护红线相协调、与资源环境承载力相适应的综合立体交通网。深化绿色交通基础设施建设，因地制宜落实绿色公路建设要求。强化交通资源的循环利用。优化调整运输结构，推动大宗货物及中长距离货物运输“公转铁”“公转水”，深入推进多式联运发展。

加快构建绿色出行体系，强化“轨道＋公交＋慢行”网络融合发展，开展绿色出行创建行动，改善绿色出行环境，提高城市绿色出行比例。加快新能源和清洁能源运输装备推广应用，加快新能源汽车推广应用，深入推进内河 LNG 动力船舶推广应用。加快现有营运船舶受电设施改造，不断提高受电设施安装比例，促进岸电设施常态化使用。

控制非二氧化碳温室气体排放。强化能源领域甲烷排放有效控制，加强煤层气、油气系统甲烷控制，提高能源领域甲烷利用效率和监测水平。通过调整产业结构、原料替代、过程消减和末端处理等措施，积极控制工业生产过程非二氧化碳温室气体排放。加大氧化亚氮和含氟气体排放控制，改进乙二酸、硝酸和氟化工行业生产工艺，加强化工尾气收集处置，逐步减少氢氟碳化物的生产使用。加强农业领域非二氧化碳温室气体管控，深入实施农药化肥减量行动，推广测土配方施肥，推广秸秆还田，增施有机肥等，减少农田氧化亚氮排放。推广标准化规模养殖和畜禽粪污资源化利用，建设畜禽养殖场大中型沼气工程，控制畜禽温室气体排放。全面加强废弃物分类收集、资源化利用和无害化处置等工作，控制废弃物处理领域非二氧化碳温室气体排放。

（二）稳步提升生态系统碳汇能力

巩固提升生态系统碳汇能力。坚持推进山水林田湖草沙一体化保护和修复，提高生态系统质量和稳定性，提升生态系统碳汇增量。结合国土空间规划编制和实施，构建有利于碳达峰、碳中和的国土空间开发保护格局。深入推进大规模国土绿化行动，巩固退耕还林还草成果，扩大林草资源总量。遏制草原退化和荒漠化趋势，加强退化土地修复治理，开展荒漠化、石漠化、水土流失综合治理，实施历史遗留矿山生态修复工程。大力发展绿色低碳循环农业，推进农光互补、“光伏＋设施农业”、“海上风电＋海洋牧场”等低碳农业模式，推进农业农村减排固碳。加强海洋碳汇基础研究，扎实推进美丽海湾保护与建设，加强自然岸线和滨海湿地生态系统保护和修复，提升海洋生态系统质量和稳定性。

加强生态系统碳汇科技支撑。加强生态系统碳汇基础研究，依托和拓展自然资源调查监测体系，利用好国家林草生态综合监测评价成果，建立生态系统碳汇监测核算体系，实施生态保护修复碳汇成效监测评估，提升生态系统碳汇基础支撑能力。

（三）加快推进全国碳市场建设

健全全国碳市场制度体系。推动出台并组织实施《碳排放权交易管理暂行条例》，确立全国碳市场制度框架与法律定位。健全配额初始分配制度，制定和完善重点排放行业配额分配方法，强化碳排放报告、核查制度，加强全国碳市场数据质量管理，完善碳排放核算、监测、报告和核查工作机制。探索推进环境权益类市场政策协同增效，研究碳排放权交易制度与用能权交易制度、绿色电力证书交易制度等环境权益类市场机制协同发展的可行性。

推动全国碳市场稳步发展。组织做好发电行业碳排放权交易工作，推动重点排放单位按时完成履约。逐步有序扩大全国碳市场行业覆盖范围，适时将建材、钢铁、有色金属、石化、化工、民航等重点排放行业逐步有序纳入全国碳市场。在建立完善全国碳市场法律法规体系、强化相关监管机制的基础上，依法合规有序扩大交易品种，满足市场主体的多元化交易需求，提升碳价格形成效率，利用碳金融创新促进气候投融资发展，不断提升市场活力。

推动温室气体自愿减排市场健康发展。完善温室气体自愿减排交易机制，修订《温室气体自愿减排交易管理暂行办法》，开启自愿减排项目申请渠道。完善以国家温室气体自愿减排交易机制为基础的碳排放权抵消机制，将具有生态、社会等多种效益的林业碳汇、可再生能源、甲烷利用等领域的温室气体自愿减排项目纳入全国碳排放权交易市场。探索碳普惠机制等创新模式。鼓励开展碳普惠机制的研究和实践，激发个人和家庭的绿色低碳消费理念和节能减碳行为，引导全社会共同实现绿色低碳发展。

（四）增强应对气候变化适应能力

增强应对气候变化基础能力。不断强化监测预测预警和影响风险评估，提升气候风险管理能力。建成由地面自动气象站、雷达、气象卫星等组成的综合气象观测系统。推进风险普查数据库建设，完成全国气象灾害危险性区划和风险区划。加强对气候变化承受力脆弱区、气候变化敏感区多要素监测，不断完善森林、水文、海洋、生态环境、卫生健康等领域监测网络布局。推动重点领域和行业气候变化影响和风险评估，将气候变化风险防控纳入国家规划和重大区域发展战略，作为重大工程和基础设施建设的重要依据。加快构建集气候变化风险识别、风险评估、风险预警、风险转移于一体的气候变化风险预警平台。

强化重点领域适应气候变化行动。增强自然生态系统气候韧性，统筹推进山水林田湖草沙系统治理。优化水资源管理，加强重要生态保护区、水源涵养区、江河源头区生态保护，推进生态脆弱河流和洞庭湖、鄱阳湖等重点湖泊生态修复，开展海洋生态保护修复，加快推进国家水土保持重点工程建设。强化经济社会系统气候韧性，保障农业与粮食安全，发展气候特色农产品种植。推动开展气候变化健康风险评估，健全公共卫生应急管理体系，重点关注脆弱人群健康适应能力。提升基础设施气候适应能力，推动重大工程气候韧性建设，鼓励开展惠及民生和支撑发展的适应气候变化示范工程建设。加强重点城市地区的气候变化风险评估，提高城市生命线气候防护能力和应急保障水平。

（五）加强应对气候变化科技创新

加强应对气候变化基础研究。积极开展气候变化成因及其适应、气候变化分析评估情景模拟与风险预估、全球气候变化和温室气体排放大数据与图谱集（库）、陆地和海洋生态系统碳汇、二氧化碳移除与利用、非二氧化碳温室气体监测及减排、气候变化经济学等领域基础科学研究。加强开展温室气体排放控制目标与协同推动经济高质量发展和生态环境高水平保护重大理论、支撑技术以及战略规划和政策法规研究。以降碳为战略方向，开展减污降碳协同增效分析方法、跟踪评估及技术选择等专题研究，强化减污降碳协同增效的顶层设计和政策协调。

推动绿色低碳前沿技术研发创新。围绕超高效光伏电池、新型绿色氢能利用、新型储能和先进输配电、二氧化碳资源化利用、碳捕集利用与封存、生态系统稳定增加碳汇等绿色低碳前沿技术进行研发创新。围绕能源、工业、交通、建筑等重点领域，持续开展能源系统深度脱碳、低碳和零碳工业流程再造，以及新能源载运装备、绿色交通、低碳建材等低碳零碳技术攻关。持续推动工业、农业等领域非二氧化碳温室气体控排、工艺替代、回收利用等技术的研发与创新。完善低碳技术标准与评估体系，持续发布并定期更新国家低碳技术推广目录和成果转化清单。加快推进重点领域共性绿色低碳技术的系统集成和产业化，促进低碳零碳负碳技术成果转化。

（六）强化应对气候变化激励政策

加强应对气候变化财税支持政策落实。各级财政积极加大对应对气候变化工作的支持力度，健全稳定的应对气候变化财政资金投入机制。设立应对气候变化专项资金，支持应对气候变化战略规划、专项行动、重大工程、试点示范、统计核算等重点工作，对高质量完成应对气候变化目标任务的地区给予奖励。优化完善税收政策，落实环保、节能节水、新能源车船税收减免政策，落实促进新能源和可再生能源发展的税收优惠政策，完善节能产品税收减免等政策。

健全减污降碳价格政策。建立健全促进可再生能源规模化发展的价格机制，逐步取消不利于节能减碳的化石能源补贴，使能源价格充分反映应对气候变化和环境治理成本。充分发挥差别化电价促进产业转型升级的作用，进一步推进基于碳排放水平的差别化电价、惩罚性电价等政策措施，持续实施阶梯电价、峰谷电价、分时电价、绿色电价等政策。完善引领绿色消费政策，激励消费者的绿色消费意愿和行动。进一步加大对节能、节水、循环、再生等绿色低碳产品的政府采购力度。

强化绿色金融支持力度。稳步运营国家绿色发展基金，探索设立国家应对气候变化基金，推动社会资本广泛投入应对气候变化等重点领域。修订完善《绿色债券支持项目目录》，增强绿色债券对应对气候变化等工作的支持力度，引导金融机构大力发展绿色信贷。鼓励保险机构开展气候风险分析，丰富气候灾害保险产品，发挥保险在气候风险防范方面的积极作用。

完善气候投融资政策。加快构建气候投融资标准体系，鼓励和引导社会资本进入气候投资领域，进一步加强与国际金融机构和外资企业在气候投融资领域的务实合作。积极开展气候投融资地方试点，探索差异化的投融资模式、组织形式、服务方式和管理制度。加快构建国家自主贡献重点项目库，挖掘高质量低碳项目，助力应对气候变化和碳减排工作。

（七）完善应对气候变化治理体系

健全应对气候变化法规标准。推动应对气候变化立法，在国土空间开发、生态环境保护、资源能源利用、城乡建设等领域法律法规制定修订过程中增加应对气候变化相关内容。加快构建包括减缓类、适应类、监测评估类和通用基础类标准在内的应对气候变化标准体系框架。加快制定重点行业温室气体排放标准。积极参与国际低碳、碳汇技术、可持续发展报告等标准与合格评定体系制定，做好国际国内标准衔接。

制定温室气体排放管理技术规范。针对重点领域、重点行业和排放主体，完善重点行业企业温室气体排放核算方法与报告技术规范、碳排放核查技术规范。加强有关温室气体排放核算方法、基础数据、技术手段等规范化研究，提高温室气体排放管理技术规范的先进性、科学性和有效性。持续推进国家温室气体清单编制工作，建立温室气体清单数据库，加强国家温室气体清单数据管理和质量控制。

加强应对气候变化与生态环境保护协同。协同推进温室气体排放控制与污染物减排相关目标任务，发挥应对气候变化对生态文明建设和环境污染防治的协同促进作用。把降碳作为污染治理的“牛鼻子”，制定完善的协同治理机制，加快构建减污降碳一体谋划、一体部署、一体推进、一体考核的制度机制，协同推进降碳、减污、扩绿、增长。

（八）积极参与和引领全球气候治理

建设性参与气候变化国际谈判与磋商。坚持以国际法为基础、以公平正义为要旨、以有效行动为导向，推动《联合国气候变化框架公约》及其《巴黎协定》全面、有效和持续实施。建设性参加《联合国气候变化框架公约》及其《巴黎协定》缔约方大会及相关附属机构会议，推动相关问题谈判。推动气候变化多双边磋商与对话交流。积极参与和引领各层级气候磋商，推动各方就谈判和国际合作重点问题广泛交换意见，凝聚积极应对全球气候变化政治共识。加强与各方的沟通和协调，推动各方寻求共识。

强化气候变化领域双多边合作交流。推动与主要国家双边合作，加强气候变化战略政策对话和交流，开展气候友好技术和解决方案研发与应用务实合作，积极借鉴和引进国际先进气候友好技术和成功经验。加强与国际组织合作，深化与联合国相关机构、政府间组织、国际行业组织等多边机构的合作，建立长期性、机制性的气候变化合作关系。建立多领域、多层面的国际合作网络，指导地方、企业、科研机构、行业协会等参与应对气候变化国际合作，强化国际合作平台建设、技术合作、经验交流与培训，鼓励非政府组织、学术界等积极参与国际气候对话和交流。

加强应对气候变化南南合作。积极落实应对气候变化南南合作"十百千"倡议和"一带一路"应对气候变化南南合作计划，稳步推进应对气候变化南南合作物资援助和低碳示范区建设项目实施，继续开展能力建设培训项目，在力所能及的范围内持续提供应对气候变化领域相关支持和帮助。完善应对气候变化南南合作机制。继续完善应对气候变化南南合作资金管理机制和项目管理机制，进一步规范项目实施和管理，保障南南合作项目援助效果。构建应对气候变化南南合作全方位、立体宣传模式，讲好应对气候变化南南合作"中国故事"。

二、江苏应对气候变化行动计划

江苏作为全国第二经济大省，温室气体排放规模大，节能降碳任务重，是全国碳减排的重点区域和潜力地区。江苏推进碳达峰碳中和工作关乎全国“双碳”目标实现大局，是对习近平总书记对江苏工作重要讲话重要指示精神的贯彻落实，也是破解资源环境约束突出问题、实现可持续发展的迫切需要。必须牢牢抓住“十四五”碳达峰的关键窗口期，锚定降碳重点战略方向，统筹推进应对气候变化和生态环境保护工作，协同推进降碳、减污、扩绿、增长，促进经济社会发展全面绿色转型，为如期实现碳达峰、碳中和目标奠定坚实基础。

（一）加大温室气体排放控制力度

加快发展绿色低碳新兴产业。加快推进新一代信息技术、现代生命科学和生物技术、新材料等高端产业发展，支持人工智能、量子通信、区块链等绿色低碳未来产业发展。围绕高效光伏制造、海上风能、生物能源等低碳新兴产业，实施绿色循环新兴产业培育工程，培育引领绿色低碳发展领军企业，持续壮大绿色低碳产业规模，着力打造国际先进的绿色低碳产业集群。加快发展现代服务业，瞄准国际标准提高水平，深入推进服务业主体生态化、服务过程清洁化、服务方式智能化和低碳化，促进平台经济、共享经济与低碳产业融合发展。鼓励发展低碳节能环保技术咨询、设备制造、运营管理、计量检测认证等专业化服务，探索发展碳资产管理、碳排放交易、碳金融等服务。

深入推进传统产业低碳转型。坚决遏制高耗能、高排放项目盲目发展，严格“两高”项目环评审批和节能审查，建立“两高”项目管理长效机制。依法在“双超双有高耗能”行业实施强制性清洁生产审核。强化产品全生命周期绿色管理，鼓励构建高效、清洁、低碳、循环的绿色制造体系。以先进适用技术和关键共性技术为重点，推广低碳新工艺、新技术，支持采取原料替代、生产工艺改善、设备改进等措施减少工业过程温室气体排放。深化制造业与互联网融合发展，鼓励开展智能工厂、数字车间升级改造。推进传统产业绿色化循环化改造，实现资源集约利用、废物交换利用、废水再生利用、能量梯级利用，大幅度提高能源资源产出率。优化工业空间布局，在符合国家产业政策的前提下，鼓励高碳行业通过区域有序转移、集群发展、优化整合、改造升级等降低碳排放。

强化能源消费强度和总量双控。坚持和完善能耗双控制度，严格控制能耗和碳排放强度，统筹衔接能耗强度和碳排放强度降低目标。加强精细化用能管理，强化节能审查，落实能耗等量或减量替代，完善管理监督机制。推动用能空间要素高效优化配置，向高端制造业、高新技术产业、民生改善项目等倾斜。深化重点领域节能，合理布局信息化基础设施，持续提升能效水平。强化重点用能单位管理，实施能效“领跑者”行动，推进能耗在线监测系统建设，加强节能监察，强化结果运用。加强能耗及碳排放控制目标分析预警，科学有序推行用能预算管理。探索实施用能权有偿使用和交易制度，加强用能权交易与碳排放权交易统筹衔接。

加快构建清洁低碳安全高效的能源体系。推进煤炭消费转型升级，严格合理控制煤炭尤其是非电行业煤炭消费。持续开展煤电机组节能减排行动，提高煤炭清洁高效利用水平，开展整体煤气化联合循环与多联产示范建设。有序提升天然气供应能力，积极扩大天然气利用规模。推进太阳能多形式、大范围、高效率转化应用，扩大分布式光伏发电规模。进一步发展风电，推进近海海上风电规模化发展，稳妥开展深远海海上风电示范建设，保持海上风电全国领先水平。推进生物质能专业化、产业化、多元化发展。安全有序发展核电，加快规划建设连云港千万千瓦级核电基地。深入推进电能替代，提高终端用能电气化水平。加快构建新型电力系统，扩大利用区外可再生能源来电规模，推动“风光水火储一体化”和“源网荷储一体化”发展，提升清洁电力消纳能力和稳定运行水平。

加强工业非二氧化碳温室气体排放控制。围绕石化、化工、电力、电子等重点排放行业，强化从生产源头、生产过程到产品的全过程温室气体排放管理，实现工业生产全过程氧化亚氮、氢氟碳化物、全氟化碳、六氟化硫等温室气体排放得到有效控制。推广石化及化工行业生产工艺的节能新技术，控制氟化工行业生产规模，加大氟化工行业尾气处理力度，降低工业生产过程中含氟气体排放。逐步削减氢氟碳化物的生产和使用。改进化肥、硝酸、己内酰胺等行业的生产工艺，采用控排技术，减少工业生产过程中氧化亚氮的排放。

推进农业低碳发展。坚持生态优先、绿色低碳发展，推广农业循环生产方式。深入实施测土配方施肥，大力推进有机肥替代化肥示范区(片)建设。因地制宜筛选一批高捕碳、高固碳作物品种和技术，加大绿色化农机装备技术推广应用。加强农业生产非二氧化碳温室气体排放控制。选育高产低排放良种，改善水分和肥料管理，加强农机农艺结合，推行少耕、免耕、精准作业和高效栽培，控制农田甲烷和氧化亚氮排放。鼓励因地制宜推进畜禽粪污资源化利用，有条件的地区可利用畜禽粪污为原料发展沼气工程，结合种植业生产需求对沼渣沼液等附加产品进行利用，促进畜牧业减排降碳。

加强城乡低碳化建设和管理。全面实施新版江苏省《绿色建筑设计标准》《住宅设计标准》《居住建筑热环境和节能设计标准》，提升建筑安全耐久、健康舒适、资源节约、智能智慧水平，加强高品质绿色建筑项目建设，大力发展超低能耗、近零能耗、零能耗建筑。深化可再生能源建筑应用，推动太阳能光热、光电、浅层地热能、空气能、生物质能等新能源在城乡建筑中的综合利用。加快绿色施工技术全面应用，推进绿色建材产品认证和采信应用，稳步发展装配式建筑，推广装配化装修。整治不符合环保标准和达到使用年限的垃圾填埋处理设施，在条件具备的填埋场建设甲烷收集利用设施，减少甲烷无序排放。在餐厨废弃物和生活污泥处置设施的甲烷产生环节，实施封闭负压收集和集中处理。

（二）持续提升生态系统碳汇水平

提升林业系统碳汇能力。大力实施绿美江苏建设行动，加快江海河湖水系生态廊道建设、造林复绿工作。统筹城乡绿化美化，完善城市绿地生态系统建设，努力提升村庄绿化水平。优化造林模式，提高乡土树种和混交林比例，合理配置造林树种和造林密度，培育健康森林。深入推进义务植树活动，提高义务植树尽责率和有效性。实施中幼龄林抚育和低效林改造，着力提高单位面积林地蓄积量、碳储量和综合效益。加快林业产业结构调整，推进木材资源高效循环利用，开发木材防腐改性等技术，延长木材使用寿命。加强城市绿地空间的拓展挖潜，充分利用城市江岸、城乡结合部、居民集中点整治建设绿地、公园、风景林地，打造城在绿中、村在林中、人在景中的美丽宜居家园。

提升湿地、土壤和海洋碳汇能力。加强湿地的总量管控和用途管制，落实自然湿地保护目标责任，建立和完善湿地保护管理体系。开展湿地可持续利用示范，加强沿海滩涂湿地保护，推进自然保护区、湿地公园、湿地保护小区建设。突出沿江、沿海、太湖等重点区域，扩大自然湿地保护面积，开展湿地保护修复，优化湿地生态系统结构，提升湿地生态质量，维护湿地生态系统碳平衡，增强湿地储碳能力。推广农业固碳技术，研究开发土壤固碳技术，提高土壤有机质含量,增加农田土壤碳库。加强海洋碳汇基础理论和方法研究,大力推进沿海生态系统修复与建设,推进水产健康养殖,提高海洋固碳能力。加强沿海湿地的碳监测,开展沿海湿地碳汇能力动态变化评估。

(三)积极稳妥推进碳达峰碳中和

实施碳排放达峰行动。立足区域资源禀赋、产业布局、发展阶段等基础条件,进一步明确目标方向、理清工作思路,提出符合实际、切实可行的时间表、路线图和施工图,按程序印发实施。将碳达峰水平纳入高质量发展考核和污染防治攻坚战成效考核,确保完成国家下达的碳排放目标任务。积极推进重点领域有序达峰,采取综合措施有效推动高耗能行业尽早达峰,合理控制建筑、交通领域碳排放增长。严控单位产品能耗水平、碳排放水平超过行业平均水平的产能规模,严格执行能耗、环保、安全、质量、技术标准和产业政策,依法依规关停退出落后产能。推动高耗能行业和重点用能单位开展节能诊断,实施工业锅炉、余热利用等低碳节能技术改造。

探索碳排放双控制度。将碳排放双控目标纳入经济社会发展年度计划和政府工作报告。将碳排放双控目标纳入“环保脸谱码”管理,建立动态监测和预警机制。将应对气候变化目标任务完成情况纳入省级生态环保督察。实施工业园区碳排放总量管控专项行动。加强重点企业碳排放双控目标管理,制定重点产品的碳排放限额，适时发布建筑、交通、公共机构等领域碳排放先进值。进一步完善二氧化碳排放基础数据统计制度，组织开展面向碳排放达峰目标与碳中和愿景的年度碳源碳汇调查。

开展低碳试点示范。支持符合条件的地区（单位）创建国家低碳城市、国家气候适应型城市（区域）等试点示范，广泛开展低碳企业、低碳交通、低碳商业、低碳旅游和碳普惠试点。探索开展碳排放达峰试点示范，深化省内现有国家低碳城市、低碳城（镇）、低碳园区建设，推广复制典型经验和模式。择优实施碳中和试点示范与近零碳排放示范，探索建设一批"近零碳"园区和工厂，推动建设一批碳捕获、利用与封存示范工程，总结可推广、可复制的路径和模式，建设一批碳中和示范区，加快形成符合江苏自身特点的"零碳"发展模式。

充分发挥市场机制作用。组织重点排放单位在登记系统和交易系统开户，有序开展配额分配、排放核查与配额清缴工作，重点排放单位按期全部进入全国碳市场。健全碳排放配额分配和市场调节机制，建立市场风险预警与防控体系。将碳排放纳入石化、化工、建材、钢铁、有色、造纸、电力、航空等重点行业排污许可证管理试点。加强碳排放权交易第三方核查机构管理，培育碳交易咨询、碳资产管理、碳金融服务等碳交易服务机构，建立碳市场专业技术人才队伍，推动碳市场服务业发展。

（四）主动适应气候变化

构建山水林田湖草生命共同体。统筹山水林田湖草系统治理和空间协同保护，构建多维尺度的生态安全空间格局。推进林地、绿地、湿地同建，形成森林、湖泊、湿地等多种形态有机融合、共建共管的自然保护地体系。实施废弃矿山和采煤塌陷地治理工程，坚持以自然生态修复为主，持续推进矿山复绿和山体绿化。持续推进丘陵山区、平原沙土区等重点区域水土流失治理。加快水生态修复，推进重点湖泊上游入湖河口、长江、京杭运河、黄河故道等沿线及重要支流汇水区生态系统恢复能力提升。扎实抓好沿江、沿海等重点地区防护林体系建设，提升河湖水库等区域防护林体系建设水平，全面推进高速铁路、高速公路、高等级公路沿线绿色通道建设和丘陵岗地森林植被恢复。严格保护耕地和永久基本农田。推进退圩还湖工程，实施湖滨带岸滩开发管控，科学推进环湖生态缓冲带建设。以小流域和小区域为单元，实施生态安全缓冲区试点工程，持续开展“绿盾”专项行动。构建生物多样性保护网络，保护与恢复沿海候鸟越冬地和濒危鸟类繁育地、长江水生生物洄游通道和栖息地及南北丘陵昆虫、鸟类、野生哺乳动物栖息地。全面推进长江禁捕退捕，有效保存优质物种资源，提高野生动物疫源疫病防治水平，加强对外来生物管理和风险防范，营造物产丰富、可持续的和谐生境。

强化水资源保障体系建设。加强水资源保护，全面落实最严格水资源管理制度，实施水资源消耗总量和强度双控行动，严格实行计划用水管理。加强水安全保障，增强和优化区域水资源配置能力。完善南水北调东线江苏段工程体系，实施输水线路完善工程、水质保护完善工程。延伸江水东引工程体系，建设通榆河至沿海港区、港城和滩涂输配水工程，研究实施沿海引江调水工程。扩大引江济太工程体系，全面完成新沟河、新孟河延伸拓浚工程，推进望虞河扩大工程。

提升农业应对气候变化能力。因地制宜推广增施有机肥、秸秆还田、深耕深翻、绿肥种植等高效适用技术，对主要障碍因子进行定向改良、综合施策，加强耕地质量建设。大力发展高效节水灌溉，加强农田水利基础设施建设，加快中低产田改造，建设旱涝保收、稳产高产、节水高效的高标准农田。推进农作物病虫害绿色防控示范，建立健全农作物病虫害监测预警体系、农作物病虫害抗药性监测体系、农药使用强度监测体系和农药有效性监测体系。

增强林业适应能力。开展树种改良研究和试验的技术攻关，加大乡土林木良种选育和使用力度，科学培育适应温度和降水因子极端变化情况下保持抗逆性强、生长性好的良种壮苗，提高造林绿化良种壮苗供应率和使用率。开展森林防火专项整治行动，抓好林业有害生物防治，实施松材线虫病、美国白蛾等林业有害生物治理工程。深化林业灾害发生规律研究和风险评估，完善林业有害生物监测预警、检疫御灾、防治减灾和服务保障体系，加强灾害防治基础设施和应急处置能力建设，提高林业灾害防治和有害生物防控能力。

强化海岸带气候韧性。加强海洋生态建设和修复，将重要、敏感、脆弱海洋生态系统纳入海洋生态红线区管辖范围并实施强制性保护和严格管控。开展浅滩湿地生态系统修复、入海河口生态湿地建设，修复恢复滨海湿地生态系统。稳步推进蓝色海湾整治行动，积极推进“美丽海湾”保护与建设。推进海岸堤防改造升级，重点建设侵蚀岸段海堤防护工程，巩固和提高海堤的防潮标准。提升海洋灾害预警应对能力，增加气象潮位观测站等海洋观测站网的密度，构建海洋信息实时采集、传输、处理及可视化立体网络，提高江苏海域台风、海上大风、海雾和强对流等灾害性天气的监测和预警水平。健全海上重大突发事故应急体系，提高航海保障、海上救生和救助服务水平。

加强适应型基础设施建设。强化电力、天然气等能源输储设施建设和成品油保障设施建设，完善能源供给体系。强化防洪除涝设施建设，完善流域防洪排涝工程体系，推进实施沿海水利基础设施建设。完善城市生命线系统，针对暴雨洪涝、强对流、台风、雪灾等极端天气气候事件，增强城市生命线使用性能和对极端天气气候事件的防护能力。因地制宜开展地下综合管廊建设。发展城市建筑绿顶工程，缓解城市“热岛效应”和雾霾等问题。

完善防灾减灾体系。加强气象灾害预测预警能力，加强气候变化基础工作，建立集气候变化监测、影响评估、应对于一体的气候变化工作体系，增强极端气候事件变化趋势分析认识能力。完善城市气候立体气象观测站网，提升环境气象信息获取率。完善防灾救灾体系，健全政府主导、部门联动、社会参与的气象及衍生灾害防御体系，加强气象及衍生灾害应急响应能力建设。

提升公共卫生适应能力。开展媒传疾病的监测、预警和防控工作，提升有效应对登革热、乙脑、疟疾等与气候变化相关的媒传疾病防控能力。加强极端气候条件下的健康教育工作，强化应对高温中暑、低温雨雪冰冻、雾霾等极端天气气候事件的卫生知识普及，提升群众在极端气候条件下的自我保护能力。

（五）营造绿色低碳生活新风尚

引导公众广泛参与。广泛动员全社会参与生态文明建设，推动形成人人关心、支持、参与生态环境保护的社会氛围。将生态文明建设纳入国民教育体系，加强中小学生生态文明教育。开展绿色生活创建活动，建设节约型机关、绿色家庭、绿色学校、绿色社区、绿色出行城市、绿色建筑、绿色商场，发挥公共机构对全社会践行绿色低碳理念的示范引领作用。开展碳达峰碳中和相关论坛、系列科普活动，增强社会绿色发展理念，引导带动公众践行绿色低碳生活方式。通过开展世界地球日、世界环境日、全国节能宣传周、全国低碳日等主题宣传活动，普及绿色低碳理念，开展以绿色生产生活方式为主题的普法教育，全面提升公众绿色低碳生活消费意识。提倡形成绿色健康的营养膳食结构，反对食品浪费。

推动构建碳普惠体系。探索开展碳普惠自愿减排机制创新，指导各地建立碳普惠政策激励体系。健全科学规范的制度标准体系，制定场景评估规范、减排量核算方法。建设互联互通的碳普惠平台，建立碳普惠应用场景数据采集体系，完善碳普惠数据收集应用，加强与省级自愿减排交易平台统筹衔接。开展碳普惠领域的跨区域合作和国际合作。

（六）提升应对气候变化治理能力

健全法规政策体系。推动省级应对气候变化立法工作，推动形成积极应对气候变化的环境经济政策框架体系，充分发挥环境经济政策对于应对气候变化工作的引导作用。健全气候投融资机制，加强气候投融资与绿色金融的政策协同，研究制定符合低碳发展要求的产品和服务需求标准指引，支持符合条件的项目纳入国家自主贡献项目库，加快建立省级气候投融资项目库。引导银行保险机构围绕碳达峰碳中和目标加大金融支持力度。建立温室气体排放信息披露制度，推动温室气体排放数据信息公开。

完善监测和统计体系。整合现有与温室气体监测有关的业务观测网，建立统一、规范的温室气体监测网络体系。建立综合数据分析应用平台，开展大气温室气体浓度时空分布特征分析。加强温室气体排放统计与核算，建立完善与碳达峰、碳中和工作相适应的温室气体数据统计、核算与管理体系，健全排放源统计调查、核算核查、监管制度。进一步完善相关统计报表制度，在环境统计相关工作中协同开展温室气体排放专项调查。常态化、规范化编制省级和市县温室气体清单，修订完善市县温室气体清单编制指南，建立长效协同工作机制。

着力提升低碳创新能力。加快建立以市场为导向、资源配置高效、成果转化顺畅的绿色低碳技术创新体系。聚焦控制温室气体排放、清洁低碳能源、绿色低碳基础设施、减缓和适应气候变化等基础领域，实施一批低碳科技重大专项，加快突破一批引领性、原创性核心技术。利用省碳达峰、碳中和科技创新专项资金，围绕可再生能源、零碳工业流程再造、零碳建筑、碳捕集利用及封存等重点领域，组织实施碳达峰、碳中和科技创新专项。支持绿色低碳发展领域重大科技基础设施和创新平台载体建设，高水平建设高效低碳燃气轮机试验装置项目。围绕高效光伏制造、海上风能、生物能源、智能电网、储能、智能汽车等领域，构建覆盖技术研发、成果转移转化、产业化应用的完整链条。推动低碳、零碳、负碳的能源技术创新，试验布局高温气冷堆核电站。强化绿色低碳技术创新企业、绿色低碳企业技术中心培育，创建一批绿色低碳技术创新示范企业，支持建设绿色低碳技术创新联合体和创新联盟。加强技术研发和国际合作，加快部署和应用前沿、关键和颠覆性技术，将发展和推广各类节能、提高能效等可持续能源消费技术作为中长期成本最低、协同效益最直接的减排措施。

强化科技和人才支撑。加强气候变化基础研究，加强气候变化观测预测、对敏感行业影响和适应性评估、碳市场建设、碳排放配额分配及管理、温室气体排放报告核查及履约管理等方面基础研究，加快推动研究成果的应用转化。加强机构和人才队伍建设，加强应对气候变化研究高层次人才培养和队伍建设，鼓励高校开发低碳校本课程，增强绿色低碳意识和低碳创新创业能力，加强气候变化研究后备队伍建设。建立跨领域、多层次的适应气候变化专家库，开展适应气候变化专家帮扶专项行动。定期组织适应气候变化知识和业务培训，提高适应气候变化决策实施能力。

加强区域和国际合作。落实长三角区域一体化发展战略，共同推动全国碳排放权交易市场建设，联动建设长三角区域碳普惠机制，加强新能源发展、近零排放示范、城市达峰、绿色金融领域的合作。深入开展应对气候变化领域的国际合作，充分发挥发达国家在低碳发展技术、资金和能力建设方面的支持作用。制定低碳、绿色认证目录清单，推动国际绿色低碳创新资源加速集聚。继续办好国际低碳（镇江）大会、国际能源变革论坛（苏州）、（无锡）国际新能源大会等重大活动，宣传江苏发展成效，提升全球影响力。结合实施“绿色丝绸之路”、国际产能和装备制造合作，推动海外投资项目低碳化。

第五讲
引导公众参与应对气候变化实践

作为温室气体的排放者之一，公众应广泛参与应对气候变化行动。目前，政府通过宣传教育、社会引导等方式逐步提高了公众认知，鼓励公众采取应对气候变化的自觉行动，关注碳足迹，通过节约能源和改变生活方式等途径减少生存以外的二氧化碳排放。

一、倡导低碳生活方式

低碳生活是我国提倡的生活方式之一。低碳生活方式不仅可以促使公众树立正确的环保观念，更可以助力我国实现“双碳”目标、减缓气候变化。江苏高度重视推动绿色低碳发展，贯彻国家和省政府要求，为引领社会形成低碳生活新风尚，聚焦于公务员及青少年的低碳生活行为，策划编写并广泛印发《江苏省公职人员低碳生活手册》与《青少年低碳生活手册》，将低碳生活方式划分为衣、食、住、行四个方面，引导公众每个方面具体的低碳行为。

(一) 低碳衣着行为

低碳衣着行为是指公众在日常生活中的衣着方面可完成的、利于低碳减排的行为。一件衣服涉及长期和多样化的生产供应链，从原材料、纺织品制造、服装设计和制作、运输、零售、消费者使用，到最终被丢弃处理，各环节均会对环境造成影响。

低碳衣着行为主要包括：(1)选择天然原料制作的衣物；(2)拒绝对衣物的“喜新厌旧”；(3)将洗衣机的负荷调到最大水平，并始终用冷水洗涤；(4)选择在户外晾干衣物；(5)将不用的衣服回收捐赠；(6)合理使用洗衣机。

（二）低碳饮食行为

低碳饮食行为是指公众在日常生活中的饮食方面可完成的、利于低碳减排的行为。农场/农户生产、农产品及食品加工制造、分销配销过程的运输冷藏、烹饪等环节都会产生碳排放。

低碳饮食行为主要包括：(1)选择简装的食物；(2)使用洗碗机的低温程序；(3)减少食物浪费；(4)营养搭配，合理膳食；(5)选择本地食物；(6)减少一次性餐具使用。

（三）低碳居住行为

低碳居住行为是指公众在日常生活中的居住方面可完成的、利于低碳减排的行为。在我们的日常居住生活中，一滴水、一度电，看似不起眼，但积少成多却能滋润一片土地，照亮一方书桌。

低碳居住行为主要包括：(1)使用空调时少开窗；(2)调整适宜的空调出风角度；(3)出门提前关闭空调；(4)空调温度控制：冬季20℃，夏季26℃；(5)巧用空调睡眠功能；(6)定期清理空调滤清器；(7)遮阳篷和风扇可作为空调的替代品；(8)节约用水；(9)用LED灯取代传统的白炽灯；(10)低层爬楼梯；(11)电器不使用时务必及时断电；(12)回收包装物；(13)纸张双面打印、复印；(14)重复使用教科书。

（四）低碳出行行为

低碳出行行为是指公众在日常生活中的出行方面可完成的、利于低碳减排的行为。交通运输过程中排放出的烟、尘和有害气体是空气污染的主要来源，减少由交通出行带来的碳排放具有重要意义。

低碳出行行为主要包括：(1)尽量少用电梯；(2)及时更换汽车空气滤清器，保持合适胎压，及时熄火等；(3)选择在当地旅游；(4)减少乘坐飞机次数；(5)优先选择新能源、小排量的汽车；(6)3公里以内走路，3～5公里骑自行车，5公里以上乘坐公共交通工具。

二、打造青少年主题宣传品牌活动

为帮助青少年进一步树立正确的生态文明观念，鼓励青少年走进自然，拥抱低碳健康生活，培养探究精神与低碳生活实践能力，近年来，我国开展了形式多样的低碳公益实践活动。江苏于2021—2022年举办了两届“低碳生活、绿色发展”青少年主题宣传活动，鼓励青少年以社会、个人视角围绕低碳生活最佳方案提出相应论点及论据，描述个人在学习、工作和生活中如何低碳生活，展现“低碳达人”风姿，传播榜样力量，勇担时代重任。活动征集的作品形式一般包括文章类、海报类及摄影类。

首届“低碳生活、绿色发展”青少年主题宣传活动由江苏省教育厅、江苏省生态环境厅、中国新闻文化促进会、中国晚报工作者协会指导，由江苏省教育厅教育宣传中心（江苏教育报刊总社）、江苏省环境保护宣传教育中心、《新闻文化建设》杂志社共同主办，在全省范围内征集 10 180 件青少年作品，评选出 20 件优秀作品，其中文章类入选作品 8 件、海报类入选作品 8 件、视频类入选作品 4 件，活动提升了青少年的低碳发展意识，扩大了应对气候变化行动的影响力。活动相关进程同步刊登于《新闻文化建设》杂志综合刊。

第二届“低碳生活、绿色发展”青少年主题宣传活动由江苏省生态环境厅联合省机关事务管理局指导，省环境保护宣传教育中心、省教育厅教育宣传中心共同主办。除征集活动作品外，还邀请国内外专家围绕相关知识举办讲座，与青少年进行广泛交流；组织参观绿色能源基地、绿色机关、绿色校园、零碳园区、零碳景区等，进一步提高青少年低碳意识。

活动的开展有效促进了青少年深入思考低碳生活“为何做”和“怎么做”的问题，引导青少年关注碳足迹，增强了青少年绿色低碳意识，倡导低碳消费，促进全社会形成绿色低碳生活新风尚。未来，江苏将进一步加强应对气候变化知识传播和宣传，建立和完善气候行动的公众参与机制，促进低碳意识转换为实际行动。

三、实施青少年应对气候变化教育

《联合国气候变化框架公约》规定，《联合国气候变化框架公约》缔约方有责任就气候变化开展教育和公众宣传。2009年联合国教科文组织（United Nations Educational, Scientific and Cultural Organization，英文缩写UNESCO）"气候变化倡议"也指出要在学生中普及基本的气候知识，帮助学生适应气候变化，缓解气候变化带来的影响，号召各成员国在中小学开展优质的气候变化教育，将气候变化教育整合到学校教育中。

《国家应对气候变化规划（2014—2020年）》中提出将应对气候变化教育纳入国民教育体系，并提出应对气候变化知识进学校、进课堂等行动计划。教育部在《绿色低碳发展国民教育体系建设实施方案》中提出：到2030年，实现学生绿色低碳生活方式及行为习惯的系统养成与发展，形成较为完善的多层次绿色低碳理念育人体系并贯通青少年成长全过程。

《江苏省碳达峰实施方案》明确提出：强化各级领导干部对碳达峰、碳中和重要性、紧迫性和艰巨性的认识，各级党校（行政学院）要把碳达峰、碳中和相关内容列入教学计划。加强全民宣传教育，将碳达峰、碳中和纳入全省各级各类学校教育教学体系。持续开展主题宣传活动，组织多样化的绿色低碳生活行动，倡导形成绿色低碳的生活方式。

江苏省生态环境厅基于江苏与德国联邦环境、自然保护、核安全和消费者保护部以及德国国际合作机构(GIZ)合作开展的“中德合作江苏低碳发展项目”，于2021年组织实施“江苏省气候变化教育示范项目”，聚焦气候变化教育领域，推进落实江苏省小学生气候变化教育工作，教育青少年理解气候变化带来的影响，培养保护自然生态的价值观和行为方式，促进环境、社会的可持续发展。

项目在南京师范大学滨湖实验学校、苏州星海小学、南京方兴小学、常州星河实验小学四所小学进行了教学试点，探索应对气候变化教育走进中小学课堂的有效实施路径与方法。气候变化教学活动涵盖了气候变化课程的重点内容，以科学严谨、趣味性强、简单易懂为课程原则，使用参与式、体验式的教学方法，帮助学生理解晦涩的科学概念，提高学生们对气候变化的科学认知。此外，课程强调气候变化对生活产生的影响，加强环境与个人之间的情感链接，进而促使个人生活行为发生改变。

项目组织主体积极与试点学校沟通，及时收集教师与学生的反馈意见，调整课程，编制了“江苏省小学应对气候变化教育示范课程”。课程以从“认识气候变化”到“应对气候变化”为总体指导思路，以多样化、针对性的教学方法为特色，编写了针对小学生的《应对气候变化示范课程及活动的课件及方案》(包括六个课程课件和四个社会实践工具包)、《应对气候变化教育课程体系指引手册(小学适用版)》。

第六讲

应对气候变化相关知识

一、外交部历任气候变化谈判代表讲述谈判历程

(一)国际气候治理建章立制,中国推动国际合作应对挑战

20世纪80—90年代,国际社会日渐重视环境与发展问题。1992年,国际社会达成《联合国气候变化框架公约》,并于公约首次缔约方大会(COP1)上授权谈判制定具有法律约束力的文书,以明确发达国家具体减排义务。1997年,公约第三次缔约方大会(COP3)通过《京都议定书》。

孙林(曾任我国外交部条法司司长,是中国最早参与公约谈判的代表团团长,并曾在联合国环境规划署任职):

《联合国气候变化框架公约》确立了国际合作应对气候变化的目标、原则和机制框架,奠定了全球气候治理的法律基础。我国在谈判初期就提出了完整的公约草案提案,并在其中列有一条关于公约原则的单独条款,包括环境与经济协调发展、公平、共同但有区别的责任、各自能力等,而这些原则之后被纳入公约,不仅维护了发展中国家利益,促成框架公约合理制定,更对发展中国家日后在气候变化领域的相关谈判及其他条约的制定有着深远影响。

刘振民(现任中国气候变化事务特使,曾任联合国主管经社事务的副秘书长,我国外交部条法司司长、部长助理、副部长,中国常

驻联合国代表团副代表、特命全权大使，中国常驻联合国日内瓦办事处和瑞士其他国际组织代表团代表、特命全权大使)：

《京都议定书》是公约框架下的首个重要成果，标志着全球进入温室气体减排时代并采取具体行动的开端。我国始终坚持公约确立的“共同但有区别的责任”原则，与77国集团坚定维护发展中国家利益，最终推动发达国家承担相应周期内的量化减排指标。

(二) 国际气候治理发展演变，中国的地位和作用越来越重要

2005年《京都议定书》第一次缔约方大会启动了议定书第二承诺期谈判，讨论发达国家2012年后的减排指标。2007年《联合国气候变化框架公约》第十三次缔约方大会通过“巴厘路线图”，启动“双轨”谈判进程。

于庆泰(外交部首任气候变化谈判特别代表，曾任中国驻坦桑尼亚、捷克、芬兰大使)：

我国深知应对气候变化行动的重要性，积极承担发展中大国的责任，对内对外采取行动，以融入全球气候治理。在我国气候治理层面，2003年中央将科学发展观作为执政理念，并于2006年、2009年先后提出相应自愿减排目标；2007年我国成立了国家应对气候变化及节能减排工作领导小组，同年外交部设立了应对气候变化对外工作领导小组，并设立气候变化谈判特别代表。在全球

气候治理层面，在发展中国家与发达国家产生减排义务分歧、我国权益受到严峻挑战的情况之下，时任国务院总理温家宝在2009年哥本哈根会议上展开密集外交斡旋，以《哥本哈根协议》这项政治共识推动气候变化谈判进程，一定程度上维护了各国权益。

黄惠康（外交部第二任气候变化谈判特别代表，曾任条法司司长、驻马来西亚大使）：

2010年墨西哥坎昆会议上各方更加注重以公开透明、广泛参与、先易后难、循序渐进的方式来推进谈判，在《哥本哈根协议》的政治共识基础上就推进"巴厘路线图"双轨谈判作出进一步安排。会前我国承办的天津会议——"巴厘路线图"双轨谈判中的一次例行工作组会议，为会议取得积极成果奠定了基础。

李燕端（外交部第三任气候变化谈判特别代表，曾任驻萨摩亚大使）：

2011年德班会议和2012年多哈会议是"巴厘路线图"的收官阶段，确定了2020年前的相关安排，也开启了2020年后气候治理新机制的谈判进程。中国代表团在坚持"共同但有区别的责任"原则的同时，也为会议最终达成共识作出了重要贡献。

（三）国际气候治理转型进入新阶段，中国与时俱进发挥引领作用

2015年巴黎大会上达成《巴黎协定》，巴黎大会后，国际社会又

经过三年谈判，并顶住美国退约带来的冲击，于 2018 年卡托维兹会议上达成了《巴黎协定》实施细则。

高风（外交部第四任气候变化谈判特别代表，曾任《联合国气候变化框架公约》秘书处高级法律官员）：

《巴黎协定》确定了以“国家自主贡献”为核心的“自下而上”的相对宽松灵活的减排模式，是一份全面、均衡、有力度的协定，是全球气候治理史上的重要里程碑。我国先后同多方共同发表气候变化联合声明，为巴黎大会的成功奠定了基础。国家主席习近平、时任国务院副总理张高丽等国家领导人多次出席相关国际会议，阐述中方立场和主张。中国代表团以积极建设性姿态全方位参与了各阶段各项议题谈判。协定通过后，中国又继续发挥引领作用，积极推动协定的签署、生效和实施。

苟海波（外交部第五任气候变化谈判特别代表，曾任驻荷兰使馆法律参赞）：

《巴黎协定》初步构建了 2020 年后应对气候变化国际机制的整体框架，解决了国际气候治理的格局性问题。2018 年卡托维兹会议上通过的实施细则则为协定实施提供了可操作的具体规范。中国在美国宣布退约的情况下，同其他各方一道，坚定支持和维护多边进程，为全球气候治理稳盘固局；建设性参与谈判进程，多次提交中国方案，在卡托维兹会议积极“搭桥”推动各方相向而行；积极参与“塔拉诺阿促进性对话”，并推动 G20 等治理平台为气候变化谈判进程注入政治推动力。

二、《关于加强合作应对气候危机的阳光之乡声明》

2023 年 11 月 15 日，在国家主席习近平开始访美行程之际，中美两国发表《关于加强合作应对气候危机的阳光之乡声明》（以下简称《声明》）。在《声明》中，两国再次重申关于应对气候变化的既有共识，并宣布将启动“21 世纪 20 年代强化气候行动工作组”，针对能源转型、甲烷、循环经济和资源利用效率、低碳可持续省/州和城市等议题开展切实合作。双方还在《声明》中表示，将在 COP28 前后加速推进上述议题的合作计划及项目，支持 COP28 的顺利举办，并积极参与《巴黎协定》首次全球盘点。《声明》的有关内容如下：

（一）中美两国回顾、重申并致力于进一步有效和持续实施 2021 年 4 月中美应对气候危机联合声明和 2021 年 11 月中美关于在 21 世纪 20 年代强化气候行动的格拉斯哥联合宣言。

（二）中美两国认识到，气候危机对世界各国的影响日益显著。面对政府间气候变化专门委员会（IPCC）第六次评估报告等现有最佳科学发现的警示，两国致力于有效实施《联合国气候变化框架公约》（以下简称《公约》）和《巴黎协定》，体现公平以及共同但有区别的责任和各自能力的原则，考虑不同国情，根据《巴黎协定》第二条所述将全球平均气温上升控制在低于 2℃之内并努力限制在

1.5℃之内，包括努力保持1.5℃可实现，达成该协定的目的。

（三）中美两国致力于有效实施《巴黎协定》及其决定，包括《格拉斯哥气候协议》和沙姆沙伊赫实施计划。两国强调，《公约》第二十八次缔约方大会（COP28）对于在这关键十年及其后有意义地应对气候危机至关重要。两国认识到，两国无论是在国内应对措施还是共同合作行动方面对于落实《巴黎协定》各项目标、推动多边主义均具有重要作用。为了人类今世后代，两国将合作并与《公约》和《巴黎协定》其他缔约方一道直面当今世界最为严峻的挑战之一。

（四）中美两国决定启动"21世纪20年代强化气候行动工作组"，开展对话与合作，以加速21世纪20年代的具体气候行动。工作组将聚焦联合声明和联合宣言中确定的合作领域，包括能源转型、甲烷、循环经济和资源利用效率、低碳可持续省/州和城市、毁林以及双方同意的其他主题。工作组将就控制和减少排放的政策、措施和技术进行信息交流，分享各自经验，识别和实施合作项目，并评估联合声明、联合宣言和本次声明的实施情况。工作组由两国气候变化特使共同领导，两国相关部委和政府机构的官员以适当方式参加。

（五）中美两国将于COP28之前及其后在工作组下重点加速以下具体行动，特别是切实可行和实实在在的合作计划和项目。

（六）在21世纪20年代这关键十年，两国支持二十国集团领导人宣言所述努力争取到2030年全球可再生能源装机增至三倍，并计划从现在到2030年在2020年水平上充分加快两国可再生能源部署，以加快煤油气发电替代，从而可预期电力行业排放在达峰后实现有意义的绝对减少。

（七）双方同意重启中美能效论坛，以深化工业、建筑、交通和设备等重点领域节能降碳政策交流。

（八）中美两国计划重启双边能源政策和战略对话，就共同商定的议题开展交流，推动二轨活动，加强务实合作。

（九）两国争取到2030年各自推进至少5个工业和能源等领域碳捕集利用和封存（CCUS）大规模合作项目。

（十）两国将落实各自国家甲烷行动计划并计划视情细化进一步措施。

（十一）两国将立即启动技术性工作组合作，开展政策对话、技术解决方案交流和能力建设，在各自国家甲烷行动计划基础上制定各自纳入其2035年国家自主贡献的甲烷减排行动/目标，并支持两国各自甲烷减/控排取得进展。

（十二）两国计划就各自管理氧化亚氮排放的措施开展合作。

（十三）两国计划在基加利修正案下共同努力逐步减少氢氟碳化物，并致力于确保生产的所有制冷设备采用有力度的最低能效标准。

（十四）认识到循环经济发展和资源利用效率对于应对气候

危机的重要作用，两国相关政府部门计划尽快就这些议题开展一次政策对话，并支持双方企业、高校、研究机构开展交流讨论和合作项目。

（十五）中美两国决心终结塑料污染并将与各方一道制订一项具有法律约束力的塑料污染（包括海洋环境塑料污染）国际文书。

（十六）中美两国将支持省、州和城市在电力、交通、建筑和废弃物等领域开展气候合作。双方将推动地方政府、企业、智库和其他相关方积极参与合作。两国将通过商定的定期会议，进行政策对话、最佳实践分享、信息交流并促进项目合作。

（十七）中美两国计划于2024年上半年举办地方气候行动高级别活动。

（十八）双方欢迎并赞赏两国已开展的地方合作，并鼓励省、州和城市开展务实气候合作。

（十九）双方承诺进一步努力，以到2030年停止和扭转森林减少，包括通过规管和政策手段全面落实并有效执行各自禁止非法进口的法律。双方计划包括在工作组下讨论交流如何增进努力，以加强这一承诺的落实。

（二十）两国计划合作推动相关政策措施和技术部署，以加强温室气体与氮氧化物、挥发性有机物和其他对流层臭氧前体物等大气污染物排放的协同控制。

（二十一）重申国家自主贡献由国家自主决定的性质，回顾巴黎协定第四条第4款，两国2035年国家自主贡献将是全经济范围，包括所有温室气体，所体现的减排符合全球平均气温上升控制在低于2℃之内并努力限制在1.5℃之内的巴黎温控目标。

（二十二）中美两国将会同阿拉伯联合酋长国邀请各国参加在COP28期间举行的“甲烷和非二氧化碳温室气体峰会”。

（二十三）中美两国将积极参与巴黎协定首次全球盘点，这是缔约方对力度、落实和合作进行回头看的重要机会，以符合巴黎协定温控目标，即将全球平均气温上升控制在低于2℃之内并努力限制在1.5℃之内，并与缔约方决心保持1.5℃温控目标可实现相一致。

（二十四）两国致力于共同努力并与其他缔约方一道，以协商一致方式达成全球盘点决定。两国认为，该决定：

——应体现在实现巴黎协定目标方面取得的实质性积极进展，包括该协定促进了缔约方和非缔约方利益攸关方的行动，以及世界在温升轨迹方面相比没有协定明显处于较好的状况；

——应考虑公平，并参考现有最佳科学，包括最新IPCC报告；

——应在各个主题领域保持平衡，包括回顾性和响应性要素，并与巴黎协定设计保持一致；

——应体现实现巴黎协定目标需要结合不同国情，在行动和支持方面大幅增强雄心和加强落实；

——应在能源转型（可再生能源、煤/油/气）、森林等碳汇、甲烷等非二氧化碳气体，以及低碳技术等方面发出信号；

——认识到国家自主贡献的国家自主决定性质并回顾巴黎协定第四条第4款，应鼓励2035年全经济范围国家自主贡献涵盖所有温室气体；

——应体现适应至关重要，并辅以一项强有力的决定，以提出一个有力度的全球适应目标框架——加速适应，包括制定目标/指标以加强适应有效性；为发展中国家缔约方提供早期预警系统；加强关键领域（例如粮食、水、基础设施、健康和生态系统）适应努力；

——应注意到发达国家预期2023年实现1 000亿美元气候资金目标，重申敦促发达国家缔约方将其提供的适应资金至少翻倍；期待COP29通过新的集体量化资金目标；并使资金流动符合巴黎协定目标；

——应欢迎并赞赏过渡委员会关于建立解决损失和损害问题的资金安排，包括为此设立一项基金的建议；

——应强调国际合作的重要作用，包括气候危机的全球性要求尽可能广泛的合作，而这种合作是实现有力度的减缓行动和气候韧性发展的关键推动因素。

（二十五）中美两国致力于进一步加强对话、协作努力，支持主席国阿联酋成功举办COP28。

注：以上内容中，第六至九项为“能源转型”议题内容，第十至十三项为“甲烷和其他非二氧化碳温室气体排放”议题内容，第十四至十五项为“循环经济和资源利用效率”议题内容，第十六至十八项为“地方合作”议题内容，第十九项为“森林”议题内容，第二十项为“温室气体和大气污染物减排协同”议

题内容，第二十一项为“2035 年国家自主贡献”议题内容，第二十二至二十五项为“COP28”议题内容。

三、全球温升控制目标

《巴黎协定》设定了控制全球升温的双重目标，提出将 21 世纪全球气温升幅限制在 2℃以内，同时寻求将气温升幅进一步限制在 1.5℃以内的措施。

设定这两个控制目标，是基于科学研究结果，把全球气温升高控制在危险的水平以内的有效措施。如果全球变暖超过 2℃，那么森林、湿地和沼泽将会因气候变化而大量减少，从而造成野生动物濒临灭绝的危险，不可逆转的海平面上升、极端天气气候事件的频发等全球气候变化的严重影响，将对城市及其周边人口和财产构成威胁。

设定这两个控制目标，是将自然资源作为基础资源来构建可持续发展的社会。这样做既能有效减少温室气体的排放，又能保护和改善自然环境，全面提高人类生活和发展水平。

四、环境库兹涅茨曲线

美国经济学家库兹涅茨于 1955 年提出，收入差距总体随经济发展水平的提高呈现先扩大后减小的倒 U 形变化趋势，这就是传统意义上的“库兹涅茨曲线”。

1995 年,美国经济学家格罗斯曼和克鲁格将该假说应用于环境领域,提出环境污染水平与经济发展水平之间可能也存在倒 U 形关系,这就是现在所说的“环境库兹涅茨曲线”。一般而言,现有的实证分析大都表明环境污染水平与经济发展水平之间确实存在着这样的倒 U 形关系,而且转折点一般出现在人均 GDP 达到 6 000～8 000 美元的时候。

五、气候变化经济学

气候变化经济学研究气候变化与经济之间关系,探究气候变化对经济的影响。2006 年,英国气候经济学家斯特恩发表了《气候变化经济学——斯特恩报告》,为评估气候变化影响和丰富气候变化经济学内涵作出了重要贡献,对全球气候治理产生了深远影响。该报告采用正式经济模式计算获得的结果作出估计:如果不采取行动,“气候变化的总代价和风险将相当于每年至少损失全球 GDP 的 5%,而且年年如此”;如果考虑到更广泛的风险和影响的话,“损失估计将上升到 GDP 的 20%或更多”;相比之下,采取行动(也就是减少温室气体排放以避免遭受气候变化最恶劣影响的行动)的代价“可以控制在每年全球 GDP 的 1%左右”。

六、联合国清洁发展机制

联合国清洁发展机制(CDM)是《联合国气候变化框架公约》(UNFCCC)的一部分。作为最大的基于项目的监管机制,CDM 为高收入国家的公共和私营部门提供了从低收入或中等收入国家的碳减排项目购买碳信用的机会。CDM 参与制定标准和验证项目。产生的碳信用由授权的第三方(指定经营实体)验证和认证。

CDM 允许发达国家通过资助低收入和中等收入国家的碳减排项目来部分实现其《京都议定书》目标。此类项目可以说比在高收入国家实施的项目更具成本效益,因为低收入国家的平均能源效率较低,劳动力成本较低,监管要求较弱,技术也不先进。清洁发展机制还旨在为东道国带来可持续发展利益。CDM 项目产生被称为核证减排量(CER)的排放信用,其可被购买和交易。

七、塔拉诺阿对话

“塔拉诺阿对话”在 2017 年召开的 COP23 会议期间,由主席国斐济提出,在 2018 年的 COP24 会议上正式开启。“塔拉诺阿”在斐济语中意为分享、交谈,这一对话机制旨在促进各国代表在抱有不同目标和期待的前提下,就《巴黎协定》所作出的承诺相互交换意见，彼此学习激励，寻求互利共赢的解决方案。该对话着重强调了在农业、森林、海洋管理和财政等方面的切实可行的解决方案。这些解决方案突出了大自然在减少碳排放和提升应对气候变化的韧性方面所能发挥的作用。

八、“损失与损害”基金

发达国家的全球累计排放量相对更大，间接造成的气候灾难导致的后果却由较贫困国家来承担。较贫困国家正在不成比例地遭受这些损害，赔偿问题也随之被提上日程。发达国家和发展中国家围绕着全球变暖等气候变化带来的“损失与损害”补偿问题争论多年，始终没有结果。

“损失与损害”可能是极端事件（如热浪和风暴）和缓发事件（如海平面上升或海洋酸化）导致的，通常分为经济性和非经济性两种。本质上，它要求负有历史排放责任的国家为全球变暖责任较小的发展中国家提供资金援助。

设立基金，补偿发展中国家因气候变化造成的“损失与损害”，是 COP27 谈判中最为棘手的问题。经过艰苦谈判，大会批准设立“损失与损害”基金，以帮助发展中国家承担气候灾难的直接成本。发展中国家不遗余力地争取这一基金，最终成功获得了支持。

九、碳达峰碳中和

2020年9月22日，国家主席习近平在第七十五届联合国大会一般性辩论上发表的重要讲话中提出“双碳”目标，即我国二氧化碳排放力争于2030年前达到峰值，努力争取2060年前实现碳中和。

碳达峰（Peak Carbon Dioxide Emissions）是指某个国家或地区的二氧化碳排放量达到历史最高值，经历平台期后持续下降的过程。碳达峰是二氧化碳排放量由增转降的历史拐点，标志着二氧化碳排放与经济社会发展实现“脱钩”，即经济增长不再以碳排放增加为代价。

碳中和（Carbon Neutrality）是指某个国家或地区在规定时期内人为排放的二氧化碳，与通过植树造林、碳捕集利用与封存等移除的二氧化碳相互抵消。根据政府间气候变化专门委员会（IPCC）《全球升温1.5℃特别报告》，碳中和即为二氧化碳的净零排放。

十、低碳城市

低碳城市是指以低碳经济为发展模式和方向、市民以低碳生活为理念和行为特征、政府公务管理层以低碳社会为建设标本和蓝图的城市。低碳城市建设意味着，在经济高速发展的前提下，城市保持能源消耗和二氧化碳排放处于低水平。在全球环境危机和我国能源紧张的宏观背景下，建设低碳城市在国家节能减排的新形势下会产生放大效应。为鼓励地方因地制宜探索绿色低碳发展路径，自2010年以来，我国已分三批开展了81个低碳城市试点，涵盖了不同地区、不同发展水平、不同资源禀赋和工作基础的城市（区、县）。

2023年7月，生态环境部应对气候变化司发布了《国家低碳城市试点工作进展评估报告》。报告指出，试点城市围绕编制低碳发展规划、制定促进低碳产业发展的政策、建立温室气体排放数据统计和管理体系、建立控制温室气体排放目标责任制、倡导绿色低碳生活方式和消费模式等五个方面扎实落实试点任务，并在低碳发展的模式创新、制度创新、技术创新、工程创新和协同创新等五个方面开展大胆探索，试点工作取得积极成效，为地方绿色低碳发展积累了宝贵经验。

十一、低碳产业

低碳产业指在生产、消费的过程中，碳排放量最小化或无碳化的产业。低碳产业以低能耗、低污染、低排碳为主要特征。目前国家已经将新能源、节能环保、电动汽车、新材料、新医药、生物育种和信息产业作为未来的战略性产业，给予重点扶持。但应该注意的是，低碳产业不应单纯指某个行业的低碳发展，而应是产业上下游的低碳协调发展，如果仅仅是把下游的耗能转移到上游，这个是否是低碳值得思考。

发展绿色低碳产业是推进产业优化升级的重要领域，在多方密集部署下，“十四五”时期绿色低碳产业有望迎来巨大增量空间。《“十四五”工业绿色发展规划》提出，到 2025 年，我国绿色环保产业产值达到 11 万亿元。壮大绿色环保战略性新兴产业，重点包括新能源、新材料、新能源汽车、绿色智能船舶、绿色环保、高端装备、能源电子等，带动整个经济社会的绿色低碳发展。

十二、低碳技术

所有节能和提高能效、可以有效控制温室气体排放的技术都是低碳技术。低碳技术几乎遍及所有涉及温室气体排放的行业部门，包括电力、交通、建筑、冶金、化工、石化等，在这些领域，低碳技术的应用可以节能和提高能效。而在可再生能源及新能源、煤的清洁高效利用、油气资源和煤层气的勘探开发、二氧化碳捕获与埋存等领域开发的一些新技术，可以有效地控制温室气体排放，当然也是低碳技术。就技术本身来讲，低碳技术是随着社会的发展而不断发展的，去年是低碳技术的，也许今年已经不是了。

为加快低碳技术的推广应用，促进我国控制温室气体行动目标的实现，我国分别在 2014 年 8 月、2015 年 12 月、2017 年 3 月、

2022年12月发布了四批重点推广的低碳技术目录，分别是《国家重点推广的低碳技术目录（第一批）》、《国家重点推广的低碳技术目录（第二批）》、《国家重点节能低碳技术推广目录》（2017年本低碳部分）、《国家重点推广的低碳技术目录（第四批）》。

十三、碳捕集与封存

碳捕集与封存（Carbon Capture and Storage，英文缩写CCS），就是将捕获、压缩后的二氧化碳运输到指定地点进行长期封存的过程。CCS技术包括二氧化碳捕集、运输以及封存三个环节。根据碳封存地点和方式的不同，可将碳封存方式分为地质封存、海洋封存、碳酸盐矿石固存以及工业利用固存等。

在将二氧化碳封存到地下之后，为了防止其泄漏或迁移，需要密封整个存储空间。目前认为比较可行的办法是利用常规的地质圈闭构造，它包括气田、油田和含水层。对于前两种，由于它们是人类能源系统基础的一部分，人们已熟悉它们的构造和地质条件，所以利用它们来储存二氧化碳就比较便利和合算，而含水层非常普遍，因此在储存二氧化碳方面具有非常大的潜力。

但是，普通电厂排放的未经处理的烟道气仅含有3%～16%的二氧化碳，可压缩性比纯的二氧化碳小得多，而从燃煤电厂出来经过压缩的烟道气中二氧化碳含量也仅为15%，在这样的条件下储存1吨二氧化碳大约需要68立方米储存空间。因此，只有把二氧化碳从烟气里分离出来，才能充分有效地对它进行地下处理。

商业化的二氧化碳捕集已经运营了一段时间，技术已发展得较为成熟，而二氧化碳封存技术方面，各国还在进行大规模的实验。2012年8月6日，我国首个二氧化碳封存至咸水层项目获重要突破。

十四、碳排放强度下降目标

碳排放强度即单位国内生产总值(GDP)二氧化碳排放量，单位GDP二氧化碳排放降低指每生产1单位GDP所产生二氧化碳排放量与基期相比的降低比例。设置该指标，有利于引导能源清洁低碳高效利用和产业绿色转型，展现我国负责任大国担当。

2009年，我国提出到2020年单位GDP二氧化碳排放量比2005年下降40%～45%的目标，到2020年，实际比2005年下降48.4%，超额完成该目标。2015年，我国在《强化应对气候变化行动——中国国家自主贡献》中提出的目标是，到2030年单位GDP二氧化碳排放比2005年下降60%～65%。2020年，我国进一步更新该目标为，到2030年，单位GDP二氧化碳排放比2005年下降65%以上。

该指标也是“十四五”规划的约束性指标之一。按照新承诺目标倒推，“十四五”和“十五五”时期单位GDP二氧化碳排放平均需降低17.6%。规划制定考虑到减排潜力逐渐减小、减排难度逐渐加大，将“十四五”目标设定为降低18%，为“十五五”碳排放达峰留有一定空间裕度。同时，与单位GDP能源消耗降低13.5%、非化石能源占能源消费总量比重达到20%左右的目标衔接一致。

十五、减污降碳协同增效

温室气体与环境污染物很多时候具有同源性，如化石燃料的燃烧会同时产生二氧化碳等温室气体与二氧化硫等环境污染物；温室气体与环境污染物在控制措施方面也具有协同效应，可以在控制碳排放的同时实现对环境污染物的控制。

习近平总书记多次就推动减污降碳协同增效作出重要指示，强调“要把实现减污降碳协同增效作为促进经济社会发展全面绿色转型的总抓手”，“坚持降碳、减污、扩绿、增长协同推进”。当前我国生态文明建设同时面临实现生态环境根本好转和碳达峰碳中和两大战略任务，协同推进减污降碳已成为我国新发展阶段经济社会发展全面绿色转型的必然选择。

2022年6月，生态环境部等七部门联合印发《减污降碳协同增效实施方案》，明确我国减污降碳协同增效工作总体部署。该方案提出，科学把握污染防治和气候治理的整体性，以结构调整、布局优化为关键，以优化治理路径为重点，以政策协同、机制创新为手段,明确了源头防控协同、重点领域协同、环境治理协同和管理模式协同等方面的任务措施。

十六、全国碳排放权交易市场

碳排放权交易市场,就是通过碳排放权的交易达到控制碳排放总量的目的。通俗来讲,就是把二氧化碳的排放权当作商品来进行买卖,需要减排的企业会获得一定的碳排放配额,成功减排可以出售多余的配额,超额排放则要在碳市场上购买配额。

碳排放权交易是利用市场机制控制温室气体排放的重大制度创新。全国碳排放权交易市场(简称"全国碳市场")是实现碳达峰与碳中和目标的核心政策工具之一,党中央、国务院高度重视全国碳市场建设。"十二五"和"十三五"国民经济和社会发展规划纲要、《中共中央关于全面深化改革若干重大问题的决定》和《生态文明体制改革总体方案》等均对全国碳市场建设作出明确安排。2011 年以来,北京、天津、上海等地开展了碳排放权交易试点工作。2017 年底,我国启动碳排放权交易。2020 年,生态环境部出台了《碳排放权交易管理办法(试行)》。2021 年元旦起,全国碳市场发电行业第一个履约周期正式启动。2021 年 7 月 16 日,全国碳排放权交易市场开市。9 时 15 分,全国碳市场启动仪式于北京、上海、武汉三地同时举办,备受瞩目的全国碳市场正式开始上线交易。

《碳排放权交易管理办法(试行)》网页链接

十七、中国核证自愿减排量

中国核证自愿减排量(CCER),是指依据国家主管部门发布的温室气体自愿减排相关管理规定,在国家温室气体自愿减排交易注册登记系统中登记的温室气体自愿减排量,单位为“吨二氧化碳当量”。未来在碳交易所产生的碳减排量交易行为,可以统称为CCER交易,即控排企业向实施“碳抵消”活动的企业购买可用于抵消自身碳排的核证量。

CCER对于实现“双碳”目标能起到推动作用,但由于其交易量小、个别项目不够规范等,在2017年被暂停。2023年10月,生态环境部、国家市场监管总局发布了《温室气体自愿减排交易管理办法(试行)》。该管理办法是规定自愿减排交易市场基本框架的统领性文件,对于市场启动和运行具有重要意义。该管理办法的发布意味着离重启CCER又近了一步,可有效指导、有序推进自愿减排交易市场建设的相关工作。

十八、MRV 体系

MRV 是指碳排放的量化和数据质量保证的过程，主要包括监测（Monitoring）、报告（Reporting）和核查（Verification）。监测是碳排放数据和信息的收集过程，报告是数据报送或信息披露的过程，核查则是针对碳排放报告的定期审核或第三方评估。这三个要素是确保碳排放数据准确、可靠的重要基础和保障。科学完善的 MRV 体系是碳交易机制建设运营的基本要素，也是企业低碳转型、区域低碳发展宏观决策的重要依据。我国从建立试点碳市场起就已经开始运行 MRV 体系，整体架构参考 CDM 的体系。

政府或者得到政府授权的机构作为监管者和规则的制定者，其主要的职责就是制定温室气体控排企业的气体排放量算法，并要求企业按照该算法的要求进行监测和报告，并认可第三方机构对企业监测和报告的结果进行核实。控排企业按照生态环境部发布的《企业温室气体排放核查技术指南 发电设施》和《企业温室气体排放核算与报告指南 发电设施》进行温室气体排放情况的监测、收集数据，并以固定的模板要求形成排放报告。得到授权的第三方机构，根据已有算法再对数据进行复核，同时对排放的完整的证据链进行补充。该项工作完成时，第三方机构会为该企业生成一个固定模板的核查报告，核查报告的本质就是第三方核查机构用信誉为企业提交的碳排放量/减排量背书。

十九、气候韧性

“韧性”最初于 20 世纪 70 年代应用于生态学领域，以确定替代生态系统的稳定状态，然后被引入社会科学，以研究社会生态系统的复杂动态性。

面对前所未有的热浪等极端天气，加快建设适应极端高温天气的“气候韧性城市”，是我国统筹安全和发展面临的一项重大战略任务。城市的气候韧性，是指城市系统应对气候变化的适应能力，以及对地震、飓风等自然灾害的抵御能力和恢复能力。

IPCC 第六次评估报告在气候变化风险、适应、气候韧性发展等领域取得了新的进展。这份报告更加强调自然科学与社会科学的结合，强调综合解决方案，强调科学知识以及本地知识在适应气候变化中的重要作用。报告扩展了风险的内涵，首次对不适当的适应和减缓产生的新型风险进行了评估，同时也对风险的复合性、复杂性及其跨系统、跨区域的传递进行了评估。在气候韧性发展方面，报告更加明确了多种社会选择的综合效应会影响气候韧性发展及未来可能的方向，这些加深了我们对适应和可持续发展之间关系的理解。

二十、绿色电力

绿色电力是指利用特定的发电设备，如风机、太阳能光伏电池等，将风能、太阳能等可再生的能源转化成电能，核电也可以被认为是绿色电力。绿色电力相较于其他发电方式（如火力发电），对环境冲击影响较低。我国的绿色电力以太阳能及风力发电为主。

绿色电力交易是指以绿色电力产品为标的物的电力中长期交易，用以满足发电企业、售电公司、电力用户等市场主体出售、购买绿色电力产品的需求，并为购买绿色电力产品的电力用户提供绿色电力证书。

绿色电力证书（简称"绿证"）是国家为发电企业每兆瓦时非水可再生能源上网电量颁发的具有唯一代码标识的电子凭证，是绿色环境权益的唯一凭证。

二十一、绿色金融

绿色金融是指为支持环境改善、应对气候变化和资源节约高效利用的经济活动，即对环保、节能、清洁能源、绿色交通、绿色建筑等领域的项目投融资、项目运营、风险管理等所提供的金融服务。

绿色金融可以促进环境保护及治理,引导资源从高污染、高能耗产业流向理念、技术先进的部门。当前我国绿色金融政策稳步推进,在信贷、债券、基金等领域都有长足发展。

二十二、绿色产品

绿色产品是指生产过程及其本身节能、节水、低污染、低毒或无毒、可再生、可回收的一类产品,它也是绿色科技应用的最终体现。为了鼓励、保护和监督绿色产品的生产和消费,不少国家制定了“绿色标志”制度。我国农业部于 1990 年率先命名推出了无公害“绿色食品”,于 1993 年实行绿色标志认证制度,并制定了严格的绿色标志产品标准。

2016 年 12 月 7 日,国务院办公厅印发《关于建立统一的绿色产品标准、认证、标识体系的意见》。该意见提出,到 2020 年初步建立系统科学、开放融合、指标先进、权威统一的绿色产品标准、认证与标识体系,实现一类产品、一个标准、一个清单、一次认证、一个标识的体系整合目标。该意见明确提出:统一绿色产品内涵和评价方法,建立相应评价方法与指标体系;构建统一的绿色产品标准、认证与标识体系;实施统一的绿色产品评价标准清单和认证目录,避免重复评价;创新绿色产品评价标准供给机制。

二十三、现代能源转型

现代能源转型，也被称为第四次能源转型，是以环保为主题的能源转型。在此之前所有的能源转型都只是为了增加新的能量来源、提高机器运作效率，而现代能源转型则在此基础上增加了可持续、低污染等环保要求。

现代能源转型基于这样一种理解：该过程旨在用可再生绿色能源（包括天然气和核能作为过渡能源）去除和取代传统化石能源，并在未来用其他基于新技术的可持续能源进一步替代天然气等“低污染能源”。此外，这种能源转型涉及能源系统结构和功能的优化。

现代能源转型的目标之一是整个能源领域的深度优化，主要包括以下项目：

（1）通过使用例如热电联产技术提高能源效率，减少能源生产和运输中的损失等；

（2）基于风能和太阳辐射的可再生能源的周期性和间歇性运行而节约能源；

（3）封存和转化二氧化碳，以及在可能的情况下防止泄漏，捕获甲烷和其他温室气体并进行再生产。

进行能源转型需要解决供需关系、非市场限制或优惠的施加、从集中式能源分配系统向更加分散的混合系统过渡的主要问题，还有地方一级的能源储存和调度等技术问题。更重要的是实现国际深度合作，这需要发展中国家与发达国家团结一致，发达国家需要放下借环保议题保持发展领先地位的小心思。

现阶段，能源危机是能源转型最大的驱动力，但能源转型的过程仍存在诸多问题。一方面，高油价推高了电价，由于冬季需求气和工业用气的短缺，欧盟开始恢复使用煤炭，这是向绿色社会过渡的严重挫折。另一方面，传统化石能源的高价格通常导致对可再生能源的需求增加，但在没有解决节能问题的情况下，过快引入新的高容量可再生能源很可能会重演德国和美国发生大停电的情况。另外，能源消耗巨大的主要国家，其电网是否已经准备好承担增加的负荷还未知。已经拆除的、已投入使用的和未来的可再生能源的回收问题也越来越严重。

现代能源转型面临的挑战不仅存在于科技领域，也存在于政治领域，尤其是在努力“平均”发达国家和欠发达国家对全球零排放政策的落实方面。能源转型对发展中国家和欠发达国家的财政负面影响巨大，大型项目的开发和国际融资都需要巨额款项支持，因此发展中国家普遍缺乏能源转型的动力。

二十四、全国低碳日

为普及气候变化知识，宣传低碳发展理念和政策，鼓励公众参与，推动落实控制温室气体排放任务，2012 年 9 月 19 日，时任国务院总理温家宝主持召开国务院常务会议，决定自 2013 年起，将全国节能宣传周的第三天设立为“全国低碳日”。

二十五、欧盟“碳关税”

近年来，欧盟推出了一揽子绿色新政以实现到 2030 年减排 55%的目标，其中就包括碳边境调节机制（Carbon Border Adjustment Mechanism，英文缩写 CBAM）。CBAM 常被称为“碳关税”，通过对进口到欧盟的高碳排放产品征收二氧化碳排放税，使所有企业在欧盟境内同等承担碳排放成本。

2022 年 12 月 18 日，欧盟委员会、欧盟理事会和欧洲议会达成碳边境调节机制临时协议。2023 年 5 月 16 日，欧盟碳边境调节机制法案文本被正式发布在《欧盟官方公报》上，标志着 CBAM 正式走完所有立法程序，成为欧盟法律。其中 2023 年至 2025 年为过渡期，进口商只需报告相关碳排放数据，无须缴纳费用，于 2023 年 10 月 1 日起开始实施、正式计税。CBAM 目前明确纳入范围的为水泥、电力、化肥、钢铁、铝、化工六个行业（其中化工行业中暂时仅包括“氢”一个产品类型）。CBAM 采用电子凭证制度，证书以欧元/吨来计量，定价锚定欧盟碳配额拍卖价格，进口商每年 5 月 31 日前完成对上一年度进口产品数量以及碳排放数据的申报，并通过购买 CBAM 证书以完成缴费义务。未来欧盟碳关税将扩容至欧盟碳市场所有纳入行业，同时美加日等国也计划制定类似政策，我国出口贸易势必面临巨大挑战。

综合来看，欧盟受能源危机、俄乌冲突影响后加快了“脱碳”步伐，积极打造系统长效的低碳制度体系。从政策意图看，表象是积极应对气候变化、推动实现碳中和，而深层逻辑是采用碳关税等长臂管辖手段，来限制和削弱别国产品竞争力，获取绿色低碳赛道的主导权。从政策趋势看，未来欧美国家将采用更多类似手段，在绿色规制、标准上步步施压，这将对我国外向型经济安全、产业链供应链安全产生较大影响。

二十六、碳足迹

碳足迹（Carbon Footprint）是国内外普遍认可的用于应对气候变化、解决定量评价碳排放强度问题、衡量人类活动对环境影响的方法，指由个体、组织、事件或产品直接或间接产生的温室气体总排放量。碳足迹以二氧化碳当量为单位计算，运用生命周期评价方法（Life Cycle Assessment，英文缩写 LCA），可以深度分析碳排放的本质过程，进而从源头上制订科学合理的减排计划。确定碳足迹是减少碳排放的第一步，能为个体、组织、事件或产品改善自身碳排放状况的行为设定基准线。

每个人的生活方式都会直接影响到地球生存。用水、用纸、用电、交通方式、垃圾处理、食物等都与碳排放相关。

碳排放的计算也就是碳足迹的计算，评分标准很明确。目前有很多工具支持碳足迹的测评，可以用来估计个人目前的碳排放总量。以下提供衣着、饮食、居住、出行四方面的碳足迹计算表作为参考。

个人衣着碳足迹计算表电子版链接

个人饮食碳足迹计算表电子版链接

个人居住碳足迹计算表电子版链接

个人出行碳足迹计算表电子版链接

二十七、ESG

ESG是企业非财务信息的披露框架，是一种关注非财务绩效的投资理念和企业评价标准，以环境（Environmental）、社会

(Social)以及公司治理(Governance)三方面为核心,是近年来金融市场兴起的重要投资理念和企业行动指南,亦是可持续发展理念在金融市场和微观企业层面的具象投影。企业层面(尤其是上市公司层面)的 ESG 实践,即将环境、社会、治理等因素纳入企业管理运营流程,与此前社会各界倡导的企业社会责任(Corporate Social Responsibility,英文缩写 CSR)一脉相承;投资层面的 ESG,是一种关注企业环境社会、治理绩效而非仅关注财务绩效的投资理念,倡导在投资研究决策和管理流程中纳入 ESG 因素。

ESG 是一种可持续发展能力的评价框架,为社会资源的分配者(主要是政府部门和机构投资者)提供了一个可以“扫描”可持续发展机遇及风险的“雷达”。作为贯彻绿色发展理念、实现生态文明建设整体布局的有力抓手,加快 ESG 建设,一方面可助力我国“双碳”目标平稳落地,高质量的信息披露可以帮助决策者进行政策调整,降低低碳转型的风险敞口,环境绩效的高低为资源配置者筛选“双碳”发展的标的提供有价值的参考信息。ESG 投资的蓬勃发展可以使资本配置与低碳转型相匹配,降低资金缺口和流动性不足等风险,以金融手段推动实体产业的绿色发展。另一方面,加快 ESG 建设能有效提升我国在国际绿色可持续发展议程中的话语权,助推我国在国际交往中构建双循环发展格局。

二十八、《江苏省公职人员低碳生活手册》

公职人员作为在各级国家行政机关工作或从事其他公务的人员，在推动经济社会发展、促进社会文明进步中发挥重要作用；带头践行绿色低碳生活方式，是公职人员传播生态文明理念、引领社会风尚的应尽责任，是促进经济社会发展全面绿色转型的重要之举，也是树立党和政府良好形象的必然要求。因此，江苏省生态环境厅组织编印了《江苏省公职人员低碳生活手册》，就是要引导公职人员养成低碳办公和低碳衣食住行的好习惯，提升公共机构能源资源利用效率，切实将公职人员和公共机构铸造成推动江苏率先实现碳达峰的先锋队。江苏通过讲好公职人员“节能低碳故事”，以点带面起到辐射带动和宣传推广作用，引导全社会形成简约适度、绿色低碳新风尚，为江苏率先实现碳达峰、加快建设美丽江苏营造良好氛围。《江苏省公职人员低碳生活手册》于 2021 年 6 月正式发布。

《江苏省公职人员低碳生活手册》电子版链接

二十九、《青少年低碳生活手册》

少年兴则国兴，少年强则国强。青少年作为新时代的接班人，其生态文明理念的树立、绿色低碳生活方式的养成，对实现全社会绿色转型具有积极作用。为深入践行习近平生态文明思想，立足新发展阶段，完整、准确、全面贯彻新发展理念，广泛开展节能降碳宣传教育，大力倡导绿色低碳生产生活方式，加快促进经济社会发展全面绿色转型，江苏省生态环境厅联合省人大常委会环境资源城乡建设委员会、省机关事务管理局编印了《青少年低碳生活手册》，帮助在校青少年树立正确的生态环保观念，鼓励青少年走出课堂、走进自然，拥抱低碳健康生活，培养青少年的探究精神与低碳生活实践能力。《青少年低碳生活手册》于 2022 年 6 月 15 日正式发布。

《青少年低碳生活手册》电子版链接

三十、《江苏应对气候变化政策与行动(2022)》

党的二十大报告指出，立足我国能源资源禀赋，坚持先立后破，有计划分步骤实施碳达峰行动。2022 年，江苏全省上下深入贯彻落实习近平生态文明思想，牢固树立和践行绿水青山就是金山银山理念，把碳达峰碳中和纳入经济社会发展整体布局，协同推进经济高质量发展和环境高水平保护。全省应对气候变化政策体系不断完善，生态环境质量明显改善，绿色低碳发展水平稳步提升。

在江苏省应对气候变化及节能减排工作领导小组各成员单位的大力支持下，省生态环境厅系统梳理了年度气候状况，总结了全省在顶层设计、减缓和适应气候变化方面取得的工作成效，系统回顾了应对气候变化和绿色发展的合作交流情况，并对地方亮点进行提炼，编制了《江苏应对气候变化政策与行动(2022)》。

《江苏应对气候变化政策与行动(2022)》电子版链接

参考文献

[1] 碳达峰碳中和工作领导小组办公室，全国干部培训教材编审指导委员会办公室. 碳达峰碳中和干部读本[M]. 北京：党建读物出版社，2022.

[2] 庄国泰，高培勇. 应对气候变化报告(2022)：落实“双碳”目标的政策和实践[M]. 北京：社会科学文献出版社，2022.

[3] 中国气象局气候变化中心. 中国气候变化蓝皮书(2022)[M]. 北京：科学出版社，2022.

[4] 全国人大财政经济委员会，国家发展和改革委员会.《中华人民共和国国民经济和社会发展第十四个五年规划和2035年远景目标纲要》释义[M]. 北京：中国计划出版社，2021.

[5] IPCC. AR6 Synthesis Report: Climate Change 2023[R]. Interlaken: IPCC，2023.

[6] IPCC. Climate Change 2021: the Physical Science Basis

[R]. Interlaken:IPCC,2021.

[7] IPCC. Climate Change 2022: Impacts, Adaptation and Vulnerability[R]. Interlaken:IPCC,2022.

[8] 国务院新闻办公室. 中国应对气候变化的政策与行动[R/OL]. (2021-10-27)[2023-03-10]. https://www.gov.cn/zhengce/2021-10/27/content_5646697.htm.

[9] 生态环境部. 生态环境部发布《中国应对气候变化的政策与行动 2023 年度报告》[EB/OL]. (2023-10-27)[2023-12-10]. https://www.mee.gov.cn/ywgz/ydqhbh/wsqtkz/202310/t20231027_1044178.shtml.

[10] 中国气象局国家气候中心. 中国气候公报(2022)[R/OL]. (2023-02-06)[2023-03-10]. http://www.ncc-cma.net/channel/news/newsid/100060.

[11] 江苏省气候中心. 2022 年江苏省气候变化监测公报[R]. 南京:江苏省气候中心,2022.

[12] 江苏省生态环境厅. 应对气候变化知识手册[Z]. 南京:江苏省生态环境厅,2020.

[13] 王珩. 开启中非应对气候变化合作新征程[J]. 当代世界,2023(3):52-58.

[14] 周玉渊. 大变局时代中非合作的新征程与新思考[J]. 西亚非洲,2023(3):3-25,155.

［15］张佳.气候谈判话中国：外交部历任气候变化谈判代表讲述谈判历程[J].世界知识，2019(5)：38-39，42-43.

［16］迪拜气候大会呼吁“转型脱离”化石燃料，秘书长强调“逐步淘汰”势在必行[EB/OL].（2023-12-13）[2023-12-15].https://news.un.org/zh/story/2023/12/1124937.

［17］安东·尼尔曼.发达国家为气候问题做的努力，看起来不太靠谱[EB/OL].（2023-03-04）[2023-12-15].https://www.guancha.cn/AntonNeeleman/2023_03_04_682394.shtml.

［18］大自然保护协会TNC.COP24取得一定进展，但应对气候变化需要更紧迫地行动[EB/OL].（2019-04-18）[2023-12-15].https://baijiahao.baidu.com/s?id=1631130924139421749&wfr=spider&for=pc.

［19］罗澜.沙姆沙伊赫气候大会闭幕，建立“损失与损害”基金，合力应对气候变化取得新进展[EB/OL].（2022-11-23）[2023-06-15].http://www.zgqxb.com.cn/zx/gj/202211/t20221123_5193075.html.

［20］方彬楠，袁泽睿.我国重启CCER市场还需打通哪些“堵点”？[EB/OL].（2022-12-04）[2023-06-15].https://baijiahao.baidu.com/s?id=1751286956686966087&wfr=spider&for=pc.

［21］碳服网CarbonFA.MRV：碳排放的量化与数据质量保证的过程[EB/OL].（2022-04-08）[2023-06-15].https://baijiahao. baidu. com/s? id=1729521887998103824&wfr=spider&for=pc.

[22] 陶希东. 全球变暖正以前所未有的速度发生，加快建设“气候韧性城市”迫在眉睫. (2022-08-22)[2023-06-15]. https://sghexport. shobserver. com/html/baijiahao/2022/08/22/832514. html.

[23] 宇如聪：积极应对气候变化 推动气候韧性发展[EB/OL]. (2022-03-05)[2023-06-15]. https://baijiahao. baidu. com/s? id=1726404392994836562&wfr=spider&for=pc.

[24] 海绵城市与生态城市、低碳城市三者关系[EB/OL]. (2018-12-19)[2023-06-15]. http://www. hbyln. cn/enwap/news_detail. aspx? channel_id=17&category_id=128&id=928.

[25] 尚绪谦，张家伟. 联合国秘书长及专家呼吁全球为控温努力. (2018-10-09)[2023-06-15]. https://baijiahao. baidu. com/s? id=1613830256399114607&wfr=spider&for=pc.

[26] 中创碳投. 碳交易微课堂①温室气体为何与污染物同根同源？[EB/OL]. (2021-01-11)[2023-06-15]. http://www. cnenergynews. cn/csny/2021/01/11/detail_2021011188028. html.

[27] 生态环境部. 中美应对气候变化对话在京举行 [EB/OL]. (2023-07-20)[2023-10-15]. https://www. mee. gov. cn/ywdt/hjywnews/202307/t20230723_1036910. shtml.

[28] 生态环境部. 中美气候变化加州会谈达成积极成果[EB/OL]. (2023-11-09)[2023-12-15]. https://www. mee. gov.

cn/ywdt/hjywnews/202311/t20231109_1055597. shtml.

[29] 观察者网. 中美加强气候合作，外媒注意到这些“首次承诺”[EB/OL].（2023-11-15）[2023-12-15]. https://m. guancha. cn/internation/2023_11_15_715816. shtml.

[30] 张倩. 中巴气候变化联合声明份量几何？[EB/OL].（2023-04-19）[2023-12-15]. https://www. eco. gov. cn/news_info/63438. html.

[31] 生态环境部. 生态环境部部长黄润秋出席首届非洲气候峰会[EB/OL].（2023-09-06）[2023-12-15]. https://www. mee. gov. cn/ywdt/hjywnews/202309/t20230906_1040261. shtml.

[32] 生态环境部. 关于加强合作应对气候危机的阳光之乡声明[EB/OL].（2023-11-15）[2023-12-15]. https://www. mee. gov. cn/ywdt/hjywnews/202311/t20231115_1056452. shtml.

[33] 郑慧. 解读中美气候合作最新声明[EB/OL].（2023-11-15）[2023-12-15]. https://mp. weixin. qq. com/s/7uUv46NnsNpZviTl1rTXJQ.

[34] 江苏省应对气候变化及节能减排工作领导小组应对气候变化办公室. 江苏应对气候变化政策与行动（2022）[EB/OL].（2023-11-10）[2023-12-15]. http://sthjt. jiangsu. gov. cn/art/2023/11/10/art_83592_11067873. html.

致 谢

本手册按国家和江苏省应对气候变化的政策和要求编制。参与编制人员有:江苏省生态环境厅应对气候变化处(对外合作处)王华、江苏省发展改革委资环处赖力、江苏省环境科学研究院刘树洋、江苏省战略与发展研究中心曹圆媛、江苏省工程咨询中心石峻青、江苏省气候中心陈燕、河海大学李卉、江苏省生态环境厅应对气候变化处(对外合作处)欧阳萍。

特别感谢能源基金会对本手册出版给予的支持和帮助。